北海道地域農業研究所学術叢書⑲

農業における
派遣労働力利用の成立条件

派遣労働力は農業を救うのか

高畑 裕樹 著

筑波書房

はしがき

　本書は、北海道地域農業研究所学術叢書として北海道地域農業研究所の出版助成を得て出版に至ったものである。北海道地域農業研究所の皆様に感謝の意を表したい。

　富士大学着任当時、北海道から岩手の地にやってきて状況の変化に戸惑っていた筆者に、出版の機会を下さったのは、恩師でもある北海道地域農業研究所の飯澤理一郎所長と北海道大学の坂爪浩史教授であった。

　筆者が、農業における労働力問題、中でも派遣労働力に興味を持ったのは、今から9年前である。当時、農家労働力としてはマイナーであった農業派遣についての研究を進めて下さったのが飯澤理一郎教授であった。

　本書の本文冒頭で述べているが、日本の農業は、家族経営を主体としながらも、過度に労働力を必要とする農繁期には、家族以外の労働力を利用してきた経緯がある。特に北海道においては、農家一戸当たりの面積の大きさから雇用労働力の重要性が高く、現在では、都市部における人材派遣会社からの労働力調達が注目を浴びている。農家の派遣労働力利用は、利用期間・派遣人数に制約がなく、最も容易な労働力の調達方法として広く展開している。本書では、農業派遣を行う上で障害となる2つの問題をどのようにクリアしているのかを分析し、農業における派遣労働力利用の成立条件を明らかにしている。

　これは、次世代の農業労働力を考える上で重要な意義をもっている。このようなテーマを進めて下さり、温かい指導をして下さった飯澤理一郎教授には感謝の言葉もない。

なお、本書を執筆するに至るまで、数多くの方々より心温まるご指導、ご配慮をいただいた。現地調査や資料収集については多くの農家、農協、人材派遣会社及び関係諸機関の方々にお世話になった。中でも、本書で事例として取り上げている派遣会社A社の部長であった菅野政美氏（現株式会社kanpro-work社長）には、貴重なデータを頂いただけでなく公私ともにお世話になった。

　北海道大学大学院時代には、東京農工大学山崎亮一教授、徳島大学橋本直史講師、北海道大学清水池義治講師、名寄市立大学今野聖士講師に多くの激励と助言を頂き、感謝にたえない。

　また、慣れない教員生活において、サポートして下さった富士大学の青木繁理事長、岡田秀二学長、中村良則副学長、影山一男経済学科長、また同僚の齋藤義徳准教授、髙坂紀広講師にも感謝の意を表したい。

　さらに、このような形に取りまとめるにあたっては、審査をしてくださった北海学園大学奥田仁名誉教授、酪農学園大学井上誠司教授には厳しいながらも、丁寧な指導を頂いた。

　最後に、本書の出版を引き受けていただいた筑波書房鶴見治彦社長には厚く感謝する次第である。

2019年（平成31年）1月

髙畑　裕樹

農業における派遣労働力利用の成立条件　目次

はしがき ………………………………………………………………………… 3

序章　農業における派遣労働力研究の意義と課題 …………………… 13
　第1節　問題の所在 ……………………………………………………… 13
　第2節　農業労働力に関するこれまでの研究 ………………………… 14
　第3節　農業労働力問題の分析視角 …………………………………… 18
　第4節　本書の課題と構成 ……………………………………………… 19

第1章　農業における人材派遣の契約形態と法的規制 ……………… 23
　第1節　本章の課題 ……………………………………………………… 23
　第2節　農業における人材派遣業の位置付け ………………………… 24
　第3節　農業派遣における派遣契約と賃金支払い …………………… 26
　第4節　現段階における農業派遣の法的規制 ………………………… 28
　第5節　小括 ……………………………………………………………… 29

第2章　派遣労働者利用農家の特徴と選択要因 ………………………… 31
　第1節　本章の課題 ……………………………………………………… 31
　第2節　アンケート調査の概要 ………………………………………… 32
　第3節　派遣労働者利用農家の特徴 …………………………………… 36
　第4節　派遣労働者の利用要因 ………………………………………… 41
　第5節　小括 ……………………………………………………………… 47

第3章　派遣労働者の特徴 ………………………………………………… 49
　第1節　本章の課題 ……………………………………………………… 49
　第2節　A社の概要と派遣登録段階における特徴 …………………… 50

第3節　派遣労働者の特徴 …………………………………… 54
　第4節　派遣労働者の評価と経歴的特徴 ……………………… 58
　第5節　派遣労働者の性質 …………………………………… 59
　第6節　小括 ………………………………………………… 62

第4章　人材派遣会社による農作業労働者の派遣対応 ………… 65
　第1節　本章の課題 …………………………………………… 65
　第2節　派遣先地域の区分 …………………………………… 66
　第3節　派遣労働者の固定化対応 …………………………… 67
　第4節　連続化対応 …………………………………………… 69
　第5節　小括 ………………………………………………… 72

第5章　バッファ農家における派遣利用型農作業形態の
　　　　形成論理と余剰派遣労働者の吸収 …………………… 75
　第1節　本章の課題 …………………………………………… 75
　第2節　対象農家における作業形態の特徴 ………………… 76
　第3節　派遣単能工利用型作業形態の形成過程 …………… 79
　第4節　派遣監督的利用型作業形態の形成 ………………… 87
　第5節　バッファ機能による余剰派遣労働力の吸収方法…… 93
　第6節　小括 ………………………………………………… 94

終章　本書の考察と農業派遣における展望 …………………… 97
　第1節　本書の考察 …………………………………………… 97
　第2節　農業派遣における展望 ………………………………100

図目次

図序-1　論文の構成図 ……………………………………… 20

図1-1　一般派遣業における派遣契約と賃金支払いシステム ……… 27

図2-1　北海道における市町村別一般派遣事業所数 ……………… 32
図2-2　派遣利用農家数の推移 …………………………………… 42
図2-3　派遣利用農家における人材派遣会社別割合 ……………… 42
図2-4　農家における派遣労働者の評価 …………………………… 43
図2-5　派遣労働者における低評価理由 …………………………… 44
図2-6　派遣労働者の利用理由 …………………………………… 45
図2-7　人材派遣会社から労働力を調達するメリット …………… 45

図3-1　A社派遣労働者の主な就職先 …………………………… 62

図5-1　Y農家における作目別作付面積の推移 ………………… 82
図5-2　Y農家における作業形態の変遷 ………………………… 85
図5-3　Z農場における作業形態の変遷 ………………………… 91

表目次

表1-1　派遣事業・労働者・業務の種類 …………………………… 25
表1-2　労働者派遣法による農業派遣労働者の雇用規制 ………… 28

表2-1　アンケートにおける配布数と回答数及び有効回答数 …… 33
表2-2　農協別農家経営者における年齢層別割合 ………………… 34
表2-3　後継者の有無 ……………………………………………… 34

表2-4	農協別経営形態	35
表2-5	農協別営農形態	35
表2-6	労働力雇用の有無	36
表2-7	雇用・利用労働者構成別の農家割合	37
表2-8	労働者構成と営農形態	38
表2-9	雇用・利用労働者形態と作業期間	39
表2-10	雇用・利用労働者別・作目別作業内容の割合	40
表2-11	パート賃金と作業期間の相関	46
表3-1	A社概要	50
表3-2	A社における部門別売上	51
表3-3	A社における登録用紙の項目	52
表3-4	派遣労働者数の推移	52
表3-5	派遣労働者の年齢層別割合	53
表3-6	A社における派遣料金と労働者支払い賃金	53
表3-7	昇給に必要な評価基準	53
表3-8	A社における派遣労働者の出身地別人数と割合	55
表3-9	A社における派遣労働者の学歴	56
表3-10	A社における派遣労働者の経歴別類型と人数	57
表3-11	A社における派遣労働者評価基準	58
表3-12	男性実働労働者における経歴別の評価（2013年）	59
表3-13	女性実働労働者における経歴別の評価（2013年）	60
表3-14	A社における評価別派遣労働者人数と割合	61
表3-15	A社実働労働者の評価層別残留人数と割合	61
表4-1	A社における派遣先地域と作業内容	68
表4-2	恵庭・千歳・江別地区における派遣労働者の予定シフト	70
表4-3	恵庭・千歳・江別地区における派遣労働者の実動向	71

表5-1	事例農家・農場の特徴	76
表5-2	X農家における作目別作付面積の推移	79
表5-3	X農家における作物別の売上と割合の推移	79
表5-4	X農家の労働者別賃金	80
表5-5	X農家の雇用・利用労働者別人数の推移	80
表5-6	Y農家における作目別の売上と割合の推移	83
表5-7	Y農家における労働者別雇用賃金	83
表5-8	Y農家における1日当たりの雇用・利用労働者別人数	84
表5-9	Z農場における作目別作付け面積の推移	88
表5-10	Z農場における作物別の売上と割合の推移	88
表5-11	Z農場における労働者別雇用賃金	89
表5-12	Z農場における労働者別人数の推移	89
表5-13	最低派遣人数と派遣実人数（2015年）	93
表5-14	余剰派遣労働者の作業内容	94

農業における派遣労働力利用の成立条件

序章
農業における派遣労働力研究の意義と課題

第1節　問題の所在

　我が国の農業は、家族経営を主体としながらも、過度に労働力を必要とする農繁期には、家族以外の労働力を利用してきた経緯がある。特に北海道においては、農家一戸当たりの面積の大きさから雇用労働力の重要性が高い。

　従来、北海道では、農業における労働力として、出面組といわれる任意集団を利用し、地域内から労働力を調達してきた経緯がある。しかし、過剰人口といわれた農村労働力は、分解・過疎化・高齢化という問題を受け、もはや過少ともいえる状況にある。この状況に対し、現在、農家・地域・農協等が中心となり、様々な対応が行われている。具体的には外国人実習制度の利用やコントラクター等である。これらの対応が行われているのは、作業適期が長く、必要とする労働者が多い労働集約的な作目を生産している産地がほとんどであり、これに該当しない産地における労働力の調達はより困難となっている。

　この様な中、都市部における人材派遣会社からの労働力調達が注目を浴びている。なぜならば、農家にとっての派遣労働力利用は、利用

期間・派遣人数に制約がなく、最も容易な労働力の調達方法だからである。

しかし、人材派遣会社が農家に労働力を供給すること、また農家が派遣労働者を利用することは、他産業のそれと比べ2つの高い障壁が存在する。

第1に、労働者の習熟問題である。農作業は、個々の農家ごとに、作物・作業内容は異なるが長期にわたり作業に従事することで習熟することができる。しかし、人材派遣会社が供給する労働力は派遣形態の特性上、日ごとに派遣される労働者の変更が多々ありこれを困難にする。

第2に、日雇い派遣の禁止にともなう派遣期間の問題である。一般的に農業における労働力の雇用期間は、作目の相違により3ヶ月を超えるものから1週間未満のものまで多岐にわたる。特に、短期的な派遣利用は日雇い派遣の禁止により労働者の派遣自体を困難にするのである。

上記の問題を打破するために、人材派遣会社とそれを利用している農家は様々な対応を行っており、一見すると新たな労働力として定着しつつあるように見える。

本書では、これら2つの問題に対する対応を、人材派遣会社とそれを利用する農家から分析を試みる。これは、派遣労働力が次世代の農業労働力となりうるものなのか、その可能性を検討する上で重要な意義をもつといえよう。

第2節　農業労働力に関するこれまでの研究

「農業における労働」は、湯沢［100］により大きく2つに整理され

ている。

　第1の視点は農村労働市場と呼ばれているものである。これは、農家労働力を農外企業に供給することで発生する諸問題について理論化を行う研究であり、代表的なものとして田代［54］山崎［96］が挙げられる。彼らは、60年代から80年代にかけ、本州における農家労働力と農外企業との関係を視点に、その労働力供給の形態変化、賃金形成メカニズムの分析を行っている。

　第2の視点は農業労働市場と呼ばれているものであり、農家経営体が労働力を雇用することを対象とした研究である。これは、農家雇用労働力の減少が問題視され始めた90年代に盛んに研究された分野で、主に2つの視点から研究が進められてきた。第1に農作業を補完する「農家雇用」、第2に「農業支援組織における雇用」である。「農家雇用」に関する研究として岩崎［11］、「農業支援組織における雇用」として泉谷［1］［3］岩崎［11］が挙げられる。また近年の研究として、作業の受委託に焦点を当て、地域内における労働力の需給調整システムを明らかにした今野［39］が挙げられる。

　本書の課題は、あくまで農業における派遣労働力利用の成立条件であるため、当然、後者の視点からの分析となる。ここでは、事例とする北海道における農業雇用労働の問題の変遷についても整理したい。

　北海道における農家労働力の研究は、90年代から2000年代にかけて、他の地域よりも積極的に行われてきた傾向がある。これは、北海道において他の地域と比べ大規模化、労働集約化の進行による労働力不足が進んできたことに起因する。

　北海道における農業雇用労働力問題の代表的な研究として岩崎［11］が挙げられる。岩崎は、北海道の地域労働市場の現状を整理した上で、大規模野菜産地において収穫時など特定の時期に必要となる労働力需

要に対応するための労働力供給の仕組みと、その需給構造に関する研究を行っている。その中で、泉谷は、当時の北海道において不足する農業雇用労働力を確保するために、各地域で設立されていた組織を農業雇用労働力の地域調整システムとしてとらえた上で、その存立構造と課題について分析している。ここでは、戸別農家では労働者の募集が困難な状況にあり、農家雇用労働力を地域で最大限効率的に利用するために、地域での需給調整システムが必要性について言及している。

さらに、泉谷［1］［2］は、集出荷施設における労働力需給についても分析を行っている。農協が調整の主体となる場合、労働力の広域的な募集は困難であることと、輸送農産物の確保の必要性を背景として、輸送資本が収穫作業や農協共選施設における選果作業を請負うケースがみられるが、泉谷はこの請負関係を「雇用保険の適用が可能な程度に長期的な雇用期間を確保できる品目」と「作業においては高度な熟練を必要としていないため、選果のばらつきによる農家からの不満が発生しない」という2点が成立条件となっていることを明らかにし、請負関係成立の困難性を指摘している。

最新の研究として、今野［39］が挙げられる。今野は、これまでの、地域的な需給調整システムを継承し分析を行っている。ここでは、野菜作における労働力の利用調整が農協による作業請負事業を通じて実施されていることを踏まえた上で、農業雇用労働力の調達・配分・利用調整を、裸手作業対機械化作業と農協直営対外部と連携した運営という2軸で捉え、2つの視点で農協による野菜作の作業請負業を分析し、各々の形態における「農業雇用労働力の地域調整システム」をみることでこの展開論理を明らかにしている。

上述したように、90年代半ば以降から2000年代にかけて行われた農

業雇用労働力に関する研究は、雇用労働力が農業経営にとって不可欠な存在となったことを認識した上で、いかに雇用労働力を確保するか、その対応策、つまり地域的な需給調整システムの存立構造について分析されてきた。その特徴として、地域の農業構造に依拠した特有の調整システムが存在し、その形態は農家雇用から集出荷過程で必要とされる労働力に至るものまで多様であった。これらの需給調整システムは労働力需要のピークが他作目と比較して顕在化しやすい野菜作、なかでも、大規模野菜産地において広く展開がみられた。また、その実施主体は自治体や生産者組織、農協等多岐にわたるが、地域農業との相互関係などを鑑みると農協による実施が望ましいといわれてきた。

しかし、現状をみると、地域内における労働力不足はさらに進行し、地域内のみでは労働力の調達が困難な状況になっている。各単位農協においても、労働力不足の問題に対応しようとしているが、限界があることは周知の事実である。

このような状況において、現在、都市部の滞留人口と農村部の過少人口に着目し、多くの人材派遣会社が農家への労働力派遣を行うようになっている。しかし、研究が盛んに行われた90年代から2000年代にかけて農家における派遣労働力の利用は存在せず、農家における派遣労働力利用に関する研究は行われていない。

また、派遣労働力の利用はその特徴から従来の労働力と大きくことなる。これまでの農業労働市場における研究は労働力商品の調達構造と需給調整の解明や労働者の長期雇用に必要となる農作業の連続化に論点が置かれている。それに対して、本書で対象とする派遣労働者の場合、その利用期間は短期的であり、加えて習熟が困難と思われる労働者を対象とした農業業労働市場に関する研究はなされていない。

最後に、若干ではあるが、人材派遣会社・派遣業界全体に関する研

究について触れておく。人材派遣会社・派遣業界に関する研究として齋藤［43］佐藤［44］が挙げられる。齋藤は人材派遣業界の現状を整理している。佐藤［44］は、2004年の派遣法の改正に伴う製造派遣解禁による派遣業の仕組みの変化とその活用方法について言及している。これらは、2008年に起きた金融危機（リーマンショック）による世界的不況の影響を受け行われた大規模な労働者派遣契約の打ち切りが発生（いわゆる派遣切り）する以前の分析であり、日雇い派遣の禁止が執行されている今日とは状況が大きく異なる。また、実際に人材派遣会社を対象に調査を行った研究も見当たらない。

第3節　農業労働力問題の分析視角

　泉谷［5］によれば、労働力問題を分析視角として①農民層分解論的アプローチ②管理論的アプローチ③需給関係論的アプローチ④制度論的アプローチの4つのアプローチがあると整理されている。ここでは、本書のテーマである農家における派遣労働力利用における成立条件を分析するにあたり、どのような視点から分析を行うかを検討する。
　本書では、農家における派遣労働力の利用を派遣労働者の習熟問題と派遣期間問題から分析を試みる。農家と農外企業との関係から農業構造をとらえる①農民層分解論的アプローチが該当しないことはいうまでもない。そのため、その他3つのアプローチを検討することとする。
　まず④制度論的アプローチである。人材派遣業は派遣法に基づいて行われる事業であり、法律が変更されると当然その影響を受けることになる。本章第1節の問題の所在で述べたように派遣期間問題は日雇い派遣の禁止から端を発している。そのため、制度自体の分析を行う

わけではないが、制度の整理をする必要があるといえる。

次に③需給関係論的アプローチであるが、農業派遣を分析する場合、このアプローチは必要不可欠といえる。なぜならば、農家が派遣労働力を利用する場合、直接雇用とは異なり人材派遣会社を仲介することとなる。上記したように、農業派遣は日雇い派遣の禁止により派遣期間問題が顕在化し、派遣会社が行う労働者需給調整の役割はより大きいものになると考えられるからである。

最後に②管理論的アプローチである。制度論的アプローチと需給関係論的アプローチは派遣期間問題を分析するためのものであったが、もう一つの問題である習熟問題に対しては、管理論的アプローチが利用できる。農家による派遣労働者の習熟問題への対応を鑑みるに、人材派遣会社が供給する労働力は派遣形態の特性上、日ごとに派遣される労働者の変更が多々あり習熟が難しい労働者を利用するために、何かしらの管理体制を形成していることが予測されるからである。

第4節　本書の課題と構成

上述した、問題の所在、既存研究の整理から、本書では農業における派遣労働力利用の成立条件を明らかにすることを課題とする。これを解明するために、**図序-1**の構成をとる。これをみると分かるように、本書は大きく3部から成り立っている。

第1に、農業派遣において問題となる、習熟問題と派遣期間問題の検出である。そのために、第1章で、人材派遣の契約形態と法的規制を整理することで、現段階において農業派遣を行う上で障害となる法的規制を把握する。続く第2章で、派遣労働者利用農家の特徴と、数多ある労働力の中で派遣労働力を利用するに至った要因をアンケート

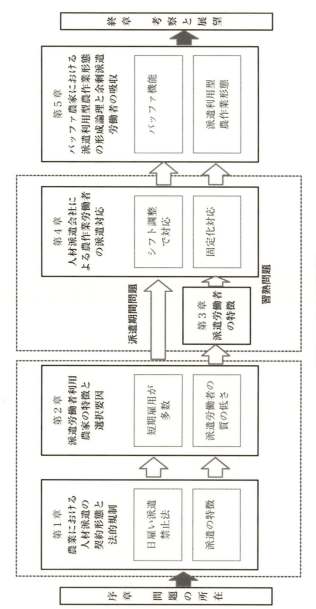

図序-1　論文の構成図

資料：筆者作成。

調査から明らかにする。

　第2に上述した問題に対する人材派遣会社側の対応の分析である。これをみるために、第3章では、人材派遣会社A社を事例に実際に派遣事業を行っている派遣労働者の特徴を明らかにする。第4章では、前章に続きA社を事例に上述した問題に対する対応を明らかにする。

　第3に派遣労働力を利用する農家側の対応の分析である。そのため、第5章では、派遣労働者を大量利用している農家を事例に派遣労働者を利用した作業形態の形成論理を明らかにする。

　以上を踏まえて、終章では農業における派遣労働力利用の成立条件を明らかにし、その持続可能性について展望を述べる。

第1章
農業における人材派遣の契約形態と法的規制

第1節　本章の課題

　人材派遣業は、派遣先との契約形態、派遣法により様々な規制がかけられている。派遣法による規制は、2008年に起きた金融危機による世界的不況の影響によって大規模な労働者派遣契約の打ち切りが発生して以降、派遣労働者という不安定就業者層の生活を保護することに力点が置かれている。そのため、農業分野にとって、中でもこれを利用する農家にとって適したものとはいい難いものとなっている。

　そこで本章では、人材派遣業における契約形態と法的規制を整理することで、農業派遣における問題点を検出することを課題とする。そのために、本節に続く第2節では、人材派遣業の雇用形態・契約形態・業務の種類を整理し、農業における人材派遣業の位置付けを行う。第3節では、農業派遣における派遣契約と賃金支払い方法を整理する。第4節では、現段階における派遣法の中で農業派遣を行う上で問題となる規制について整理を行い課題に接近する。

第2節　農業における人材派遣業の位置付け

　人材派遣業は、事業形態、雇用契約の種類、業務の種類により、派遣契約、賃金の支払い方法に相違が生じる。そのため、人材派遣業の種類と仕組みを整理する必要がある。派遣事業は、その事業内容から大きく2つに分けられている。1つ目に、厚生労働大臣の許可を必要とし、資産・現貯金額に規定が存在する（資産と負債の差が2,000万円以上、現預金額1,500万円以上が必要となる）一般派遣事業である。2つ目は厚生労働大臣の許可を必要とせず届け出制となっており、資産・現預金額に規定がない特定労働者派遣事業である（注1）。

　この2つの事業は、派遣している労働者についても相違がみられる。特定労働者派遣事業は、主に自社の雇用労働者、つまり派遣会社に勤務している労働者（社員）を派遣する事業形態であり、常用雇用労働者を主な対象としている。それに対し、一般労働者派遣事業は、派遣会社外部から登録されている労働者の派遣を中心としている。そのため、後者の事業形態には常用雇用労働者の他に、登録雇用労働者が存在することとなる（**表1-1**）。つまり、一般労働者派遣事業では、派遣会社が自社で登録している派遣労働者と雇用契約を結び、契約関係にある派遣先企業に派遣する形態をとるのに対し、特定労働者派遣事業では、派遣会社が雇用している社員を派遣業務ごとに派遣する形態となっているのである。

　上記したように、派遣事業は一般派労働者派遣事業と特定労働者派遣事業の2つに分類されているわけだが、その他に特殊なものとして紹介予定派遣がある。これは、労働者派遣のうち、派遣先企業での直接雇用を前提とする形態であり、一定期間派遣社員としての勤務を前

表 1-1　派遣事業・労働者・業務の種類

派遣事業の種類	一般労働者派遣事業	特定労働者派遣事業以外の労働者派遣事業をいう。いわゆる登録型派遣をする事業がこれに該当する（派遣法の改正で日雇い派遣は禁止となった）。
	特定労働者派遣事業	常用雇用労働者だけを労働者派遣の対象として行う労働者派遣事業をいう。主に、人材派遣会社で正規雇用している社員を派遣する。
	紹介予定派遣	労働者派遣の内、派遣先企業での直接雇用を前提とする形態。一定期間派遣社員として勤務し、期間内に派遣先企業と派遣社員が合意すれば、派遣先企業で直接雇用される。ただし必ずしも正社員になれるとは限らない。前提になっているのはあくまで「直接雇用」なので、契約社員やアルバイトも含まれる。派遣期間は 6 ヶ月以内。
雇用契約の種類	常用雇用	一般的には派遣元（派遣事業所）で雇用されている社員を用いる形態。対象となる労働者は以下に当てはまるものとする。 ①期間の定めなく雇用されている労働者。 ②過去 1 年を超える期間について、引き続き雇用されている労働者。 ③採用時から 1 年を超えて引き続き雇用されると見込まれる労働者。
	登録雇用	登録により派遣元と雇用関係になる形態を指す。仕事（派遣先）が存在する時のみに、派遣元と雇用契約の関係が生じる。
業務の種類	政令業務	派遣期間無（一部日雇い可）。特殊技能を要する業務を指す。（旧専門 26 業務）
	自由化業務	派遣期間最長 3 年。専門 26 業務、製造業、建設業務、警備業務、港湾業務、医療関係（一部を除く）以外の業務を指す。
	製造業務	派遣期間は最長 1 年。製造業に関する業務を指す。

資料：（社）日本人材派遣協会編　人材派遣新たな舞台・人材派遣データブック 2010～2014 を参考に作成。

提とし、期間内に派遣先企業と派遣社員の合意があった場合、派遣先企業で直接雇用されるというものである（注2）。しかし、多くの派遣会社は、自社で調達した派遣労働者を手放すことに抵抗があるため紹介予定派遣の利用は少ない現状にある。

　派遣会社は一般派遣事業の許可と同時に有料職業紹介事業の許可を取得することが一般的である（注3）。これは、派遣労働者が職業紹介を求めてきた場合、これに対応することを目的としている。

　農家を対象として派遣業務を行うことを考えた場合、農家が労働力を過度に必要とする期間が農繁期に集中している。これは、雇用期間が限られていることに加え同時期に多くの労働力派遣が必要になる。そのため常用雇用ではその需要に対応できず登録雇用が一般的となる。派遣業務における業務の種類をみると政令業務と呼ばれる、特殊技能を必要とする業務と一般業務、製造業に関する製造業務の3つが存在する。農業における派遣は一般業務に該当する。

　以上のことから、農業派遣の多くは、一般労働者派遣事業で雇用契約は登録雇用となり、業務は自由化業務となる。

第3節　農業派遣における派遣契約と賃金支払い

　ここでは、一般的な農業派遣の派遣契約と賃金支払い方法をみる。

　まず、派遣契約についてである。派遣労働者を希望する農家（以下派遣先農家）は人材派遣会社（以下派遣会社）と労働派遣契約を行い、必要な労働者を派遣会社に要請する。その要請を受けて派遣会社は労働者を派遣する。派遣労働者になることを希望する者は各派遣会社が作成した登録用紙を記入した上で派遣会社と雇用契約を結び派遣労働者となる（図1-1）。ここで注目すべき点は、派遣先農家と派遣労働

第1章　農業における人材派遣の契約形態と法的規制　　27

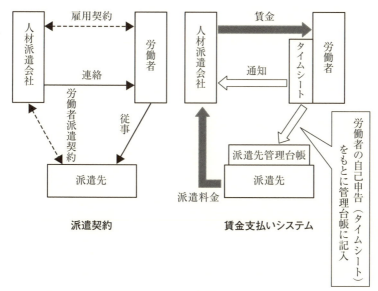

図1-1　一般派遣業における派遣契約と賃金支払いシステム
資料：人材派遣会社数社からの聞き取りより作成。

者の間に雇用関係が存在しないことである。

　次に賃金の支払いについて説明する。派遣労働者は業務終了後、労働時間をタイムシートに記入し、派遣先管理者に提示する。管理者は提示されたタイムシートを元に派遣先管理台帳を記入する。その後、派遣労働者はタイムシートを、管理者は派遣先管理台帳のコピーをそれぞれ派遣会社に郵送する。派遣会社はそれを元に派遣先から派遣料金を請求し、いわゆるマージンを引いた額を派遣労働者に賃金として支払う（**図1-1**）。

　農業派遣は、天候・作業の進展具合により派遣人数の変化が生じる。そのため、多くの派遣会社は、派遣労働者に毎日連絡を行い、返信があった者から順に各農家に派遣する方法をとっている（注４）。これ

が原因となり、作業が長期化する派遣先農家においても派遣される労働者が日ごとに異なる可能性を内包している。

第4節　現段階における農業派遣の法的規制

　表1-2は農業派遣において問題となる法的規制を示している（注5）。これをみると、6つの法的規制があることがわかる。第1に再派遣の禁止である。これは、二重派遣及び特定派遣先のみに派遣をすることを禁止するものである。第2に特定行為の禁止である。ここでは、有能な労働者を獲得するために派遣先が事前面談等を行い、派遣労働者を特定することを禁止している。第3に派遣料金の明示である。第4に離職した労働者の派遣受け入れの禁止である。これは、自社で直接雇用していた労働者が離職する際、派遣労働者を希望した場合、離職後1年間は、その労働者を派遣として受け入れることを禁止するものである。第5にグループ企業の8割規制である。グループ企業へ

表1-2　労働者派遣法による農業派遣労働者の雇用規制

農業派遣における主な法的規制	内容および禁止事項
再派遣の禁止	二重派遣および特定派遣先のみの派遣の禁止
特定行為の禁止	派遣先が派遣労働者を特定することを禁止する（事前面談等）
派遣料金の明示	派遣元は派遣料金を明示する義務を要する
離職した労働者の派遣受入れの禁止	自社で直接雇用した労働者が離職した際、離職後一年間その労働者の派遣受け入れを禁止する
グループ企業派遣の8割規制	グループ企業への派遣は、その労働者の年間総労働時間の8割以下に留める
日雇派遣の禁止	日々または30日以内の雇用の原則禁止

資料：厚生労働省　労働者派遣法および労働者派遣法改正法、(社)日本人材派遣協会編　人材派遣新たな舞台・人材派遣データブック 2010〜2012 を参考に作成。

労働者を派遣する場合、派遣した労働者の年間総労働時間を8割以下に留める必要がある。第6に日雇い派遣の禁止である。

　注目すべきは、2012年10月に改正された労働者派遣法により禁止となった日雇い派遣である。これは、2008年に起きた金融危機（リーマンショック）による世界的不況の影響を受け製造業において大規模な労働者派遣契約の打ち切りと、それに伴う派遣労働者の解雇が発生（いわゆる派遣切り）したことから端を発する。これにより派遣労働者という不安定就業者層の生活を保護することを目的として誕生したのが日雇い派遣の禁止である。これは、派遣労働者の30日以内の雇用契約を原則禁止することで、派遣労働者の最低限の生活を保護しようとしている。しかし、農繁期における極めて短期的（以下スポット的）な労働を必要とする農業において31日以上の雇用関係を成立させることは困難である（注6）。

第5節　小括

　人材派遣業は、派遣先との契約形態、派遣法により様々な規制がかけられており、これを利用する農家にとって適したものとはいい難いものとなっている。そこで本章では、人材派遣業における契約形態と法的規制を整理することで農業派遣における問題点を検出することを課題とした。農家を対象として派遣業務を行う場合、雇用期間が限定的なため、登録雇用が一般的となる。そのため、農業派遣の多くは、一般労働者派遣事業で雇用契約は登録雇用となり、業務は自由化業務となっている。これを踏まえ、派遣事業という制度を利用し農業に労働力を供給する場合、以下の2点が問題となる。

　第1の問題点は習熟問題である。人材派遣業の契約形態と農業派遣

における派遣方法の特徴から、労働者が日ごとに異なる可能性を内包しており、農作業への習熟が困難となるのである。

 第2の問題点は派遣期間問題である。これは、リーマンショックによる派遣労働者の派遣切りにより、2012年10月に執行された日雇い派遣の禁止に端を発する。ここでは、派遣労働者の30日以内の雇用契約を原則禁止としており、農繁期におけるスポット的利用が多いと思われる農業においても、31日以上の雇用関係を成立させなければならず、農業への派遣自体を困難にしている。

 以上のことから、農業派遣を行うためには、上記した問題、習熟問題と派遣期間問題の2つをクリアする必要があるのである。

[第1章 注釈]
（注1）一般労働者派遣事業の許可を取得している場合、特定労働者派遣事業も可能となる。
（注2）紹介予定派遣事業における派遣先の直接雇用は、雇用形態を問わない。つまり正規雇用ではなく、非正規雇用であっても直接雇用であれば成立する。
（注3）聞き取りを行った一般派遣事業の許可を得ている人材派遣会社4社すべてが有料職業紹介事業の許可も得ている。
（注4）人材派遣会社4社からの聞き取りによるもの。
（注5）人材派遣会社4社からの聞き取りによるもの。
（注6）日雇い派遣の禁止は、不安定就業層の生活保護を目的としている。そのため、学生、60歳以上の高齢者、扶養家族の年収が500万以上の派遣労働者を対象外としている。

第2章
派遣労働者利用農家の特徴と選択要因

第1節 本章の課題

　現在、農村地域における人口減少に伴い、都市部にある人材派遣会社から派遣労働力を調達している農家が増加傾向にあることは、広く周知されている。しかし、農家が派遣労働力を利用する場合の問題点、派遣労働力の利用を選択するに至った要因は明らかにされていない。そこで、本章では、北海道で最も多くの派遣会社が存在する札幌市から派遣労働者を調達し利用している農家を事例にし、派遣労働者利用農家の特徴と多数ある農業労働力の中で派遣労働者を選択するに至った要因を、アンケート調査から明らかにする。そのために、本節に続く2節では、アンケート調査の概要を整理する。第3節では、派遣労働者を利用している農家の特徴を整理する。第4節では、上記の農家が派遣労働者を利用するに至った要因を明らかにすることで課題に接近する。

　なお、上述の通り、本章では派遣労働者を利用している農家を対象とする。ここでいう派遣労働者とは、いわゆる一般労働者派遣事業を行っている人材派遣会社に登録し農家に派遣されている労働者のこと

である。これは、前章で述べた通り、農業における労働力派遣は農繁期を中心に雇用期間が限定的となるため、農家に労働者を供給している派遣会社は事業の種類が一般労働者派遣事業となり雇用契約の種類を登録雇用としているところが主であるからである。

第2節　アンケート調査の概要

（1）調査方法

　北海道において一般派遣事業を行っている派遣事業所は324存在する。図2-1は北海道の市町村別一般派遣事業所数を示している。これをみると、最も多いのが177の事業所を有する札幌市である。次いで帯広市が31事業所、旭川市28事業所となっており、北海道における一般派遣事業所数の過半数が札幌市に集中していることが分かる（注1）。

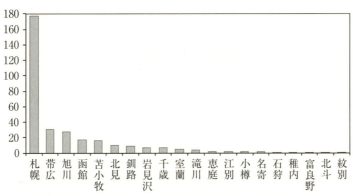

図2-1 北海道における市町村別一般派遣事業所数

資料：HP 北海道の人材派遣会社一覧 2015年10月より作成。
http://www.bagboygolf.co.uk/

表2-1 アンケートにおける配布数と回答数及び有効回答数

	配布数	回答数	回答率（%）	有効回答数	有効回答率（%）
y農協	398	52	13.1	45	86.5
o農協	560	38	7.3	35	92.1
k農協	1,071	41	3.8	41	100.0
n農協	508	85	16.7	73	85.9
t農協	1,026	179	17.4	138	77.1
計	3,563	395	11.1	332	84.1

資料：人材派遣会社A社「農家雇用労働力の現状におけるアンケート調査」より作成。

　労働者を派遣する際、重要となるのは、事業所からの距離である。一般的に労働力を派遣できる距離的限界は事業所から70kmとされている。これは、労働力商品の輸送時間と輸送コストによって規定されているからである（注2）。

　そこで本章では、北海道において最も人材派遣会社が集中している札幌を中心として労働者派遣が可能である12農協の内、調査が可能であった5農協にアンケート調査を行った。対象は、各農協に所属している正組合員である農家である。また、配布方法はアンケートを農協の広報またはクミカン報告書に同封する形を取った（注3）。

　表2-1はアンケートにおける配布数と回答数及び有効回答数を示している。これをみると、アンケートの配布数は5農協で3,563、回答数は395、有効回答数は332となっている。

（2）農協別農家概要

　ここでは、農協別の農家概要をみることとする。**表2-2**は農協別農家経営者における年齢層の割合を示している。これをみると農協別に若干の相違はあるものの51〜60歳の層が最も厚く、次いで61〜70歳の層が厚くなっており、全体的に高齢化の進展がみられる。

表2-2 農協別農家経営者における年齢層別割合

n=332（％）

	20〜30歳	31〜40歳	41〜50歳	51〜60歳	61〜70歳	71歳〜
y農協	0	8.9	20.0	22.2	35.6	13.3
o農協	0	11.4	34.3	14.3	28.6	11.4
k農協	2.4	7.3	26.8	31.7	14.6	17.1
n農協	2.7	13.7	16.4	49.3	17.8	0
t農協	2.2	4.3	17.4	30.4	30.4	15.2
計	1.7	8.2	19.6	32.0	27.8	10.7

資料：人材派遣会社A社「農家雇用労働力の現状におけるアンケート調査」より作成。

表2-3 後継者の有無

（％）

	全体 (n=332)			経営主65歳以上 (n=76)		
	有	無		有	無	
y農協	24.4	75.6	100.0	22.2	77.8	100.0
o農協	20.0	80.0	100.0	60.0	40.0	100.0
k農協	34.1	65.9	100.0	18.2	81.8	100.0
n農協	41.1	58.9	100.0	0.0	100.0	100.0
t農協	18.1	81.9	100.0	5.3	94.7	100.0
計	26.2	73.8	100.0	21.1	78.9	100.0

資料：人材派遣会社A社「農家雇用労働力の現状におけるアンケート調査」より作成。

　後継者の有無を確認すると、後継者有と回答した割合が最も高いn農協でさえ41.1％と半数を超えておらず、後継者有が最も少なかったt農協では18.1％であった。また、全体としては73.8％が後継者無と回答している。さらに、経営主の年齢が65歳以上の農家を対象にみた場合においても、全体の78.9％が後継者無と回答しており、深刻な後継者不足が伺える（**表2-3**）。

　表2-4は農協別の経営形態を示している。これをみると個人経営が全体として94.0％を占めており各農協においても大半を占めている事が分かる。またo農協では一戸一法人が14.3％と他の農協に比べて高

表 2-4 農協別経営形態

n=332（%）

	個人経営	一戸一法人	複数戸法人	営農集団	その他	
y農協	93.3	2.2		2.2	2.2	100.0
o農協	85.7	14.3				100.0
k農協	95.1	4.9				100.0
n農協	93.2	1.4	5.5			100.0
t農協	96.4	2.2		1.4		100.0
計	94.0	3.6	1.2	0.9	0.3	100.0

資料：人材派遣会社 A 社「農家雇用労働力の現状におけるアンケート調査」より作成。

表 2-5 農協別営農形態

n=332（%）

	水稲経営	畑作経営	野菜作経営	水稲複合経営	果樹経営	その他	
y農協		2.2	31.1	4.4	62.2		100.0
o農協			5.7	17.1	77.1		100.0
k農協	17.1	14.6	2.4	53.7		12.2	100.0
n農協	20.5	8.2	2.7	65.8		2.7	100.0
t農協	21.0	17.4	8.7	36.2		16.7	100.0
計	15.4	11.1	9.3	38.6	16.6	9.0	100.0

資料：人材派遣会社 A 社「農家雇用労働力の現状におけるアンケート調査」より作成。

い水準となっており、n農協では複数戸法人の存在が確認できる。

表2-5は事例農協における農協別営農形態を示している。y農協・o農協は、札幌市の北西部に位置している中間農業地域であり、山間部では傾斜を利用した果樹産地となっている。このことから、y農協では62.2％、o農協では77.1％が果樹経営の割合が高くなっている。k農協は札幌市の東部に位置しており、水稲複合経営が53.7％を占めていることからも分かる様に稲作地帯である。n農協・t農協は、札幌市の南東部に位置している稲作産地となっている。n農協は水稲と野菜作を複合した経営が多くみられる。そのため、営農形態からも分かるように水稲複合経営が65.8％であり、水稲経営が20.5％となっている。t

表2-6 労働力雇用の有無

n=332（%）

	雇用有	雇用無
y農協	82.2	17.8
o農協	91.4	8.6
k農協	58.5	41.5
n農協	67.1	32.9
t農協	43.5	56.5
計	60.8	39.2

資料：人材派遣会社 A 社「農家雇用労働力の現状におけるアンケート調査」より作成。

農協においても水稲複合経営が36.2％と高い割合を占めているが、こちらは大豆・ビートといった畑作と水稲の複合経営が盛んに行われている。

労働力雇用の有無をみると、当然のことながら果樹と経営を主とした労働集約的作目を生産しているy農協、o農協における労働者の雇用割合は82.2％、91.4％と高い割合を示している。その他農協地域において労働力を雇用している農家の割合はy農協、o農協と比べ半数程度となっている（**表2-6**）。

第3節　派遣労働者利用農家の特徴

ここでは、派遣労働者利用農家の特徴を明らかにする。そのために、まず、農家ごとに雇用されている非正規雇用労働者を調達先別に分類する。これは、雇用・利用期間、作業内容別に労働者の使用用途が調達先により異なる可能性があるためである。

（1）雇用・利用労働者構成別の農家割合

　雇用・利用労働者の構成は、組み合わせを考慮すると①パートのみ、②シルバーのみ、③派遣労働者のみ、④その他（親戚等）、⑤パートとシルバー、⑥パートと外国人実習生、⑦パートと派遣労働者、⑧その他の8つに分類することができる（**表2-7**)（注4）。全体の内、パート労働力のみを利用している農家が54.5％と最も高く、次いでパート労働者と派遣労働者を組み合わせて利用している農家が15.3％となっ

表2-7　雇用・利用労働者構成別の農家割合

n=332（％）

	パート	シルバー	派遣	その他（親戚等）	パート＋シルバー	パート＋実習生	パート＋派遣	その他	
y農協	68.4	2.6		5.3	7.9	5.3		10.5	100.0
o農協	50.0					34.4	6.3	9.4	100.0
k農協	58.3	4.2	8.3		8.3		20.8		100.0
n農協	43.8		6.3	2.1	2.1		33.3	12.5	100.0
t農協	55.0	3.3	3.3	5.0	6.7	1.7	13.3	11.7	100.0
計	54.5	2.0	3.5	3.0	5.0	6.9	15.3	9.9	100.0

資料：人材派遣会社A社「農家雇用労働力の現状におけるアンケート調査」より作成。
注：表のその他は、その他労働力構成を指す。

ている。このことから、農家労働力の中で派遣労働力が重要な位置にあることが分かる（注5）。

（2）派遣労働者利用農家の特徴

　次に、雇用・利用労働者形態別の特徴をみる。大きな特徴として挙げられるのは、第1に派遣労働者を雇用している農家の多くが水稲複合経営と畑作経営に集中している点である。**表2-8**は労働者構成と営農形態の関係を示している。これをみると、派遣労働者のみを利用し

表2-8 労働者構成と営農形態

n=332（%）

	水稲経営	畑作経営	野菜作経営	水稲複合経営	果樹経営	その他	
パート	10.0	11.8	10.9	35.5	22.7	9.1	100.0
シルバー	25.0	50.0			25.0		100.0
派遣		28.6		71.4			100.0
その他（親戚等）	16.7			50.0	16.7	16.7	100.0
パート＋シルバー	10.0	20.0	40.0	20.0	10.0		100.0
パート＋実習生			7.1	21.4	71.4		100.0
パート＋派遣	13.3	13.3	3.3	60.0	3.3	6.7	100.0

資料：人材派遣会社A社「農家雇用労働力の現状におけるアンケート調査」より作成。

ている農家は水稲複合経営が71.4％、28.6％が畑作経営となっている。又、パート労働者と派遣労働者を雇用している農家は60.0％が水稲複合経営となっている。第2に外国人実習生を利用している農家の多くが果樹経営である点である。パート労働者と外国人実習生を利用している農家の71.4％が果樹経営となっている。これは、本来最も労働力を必要とするはずの果樹経営において派遣労働者をあまり利用していないことを意味する。

作業期間に関しては、一般的なパート労働者の雇用期間が分散しているのに対して、外国人実習生は長期的雇用となっている。派遣労働者に関しては、派遣労働者のみの雇用の場合1週間以内の雇用が85.7％、パート労働者と派遣労働者を合わせた雇用においては、それぞれ雇用期間に相違がみられるが、パート労働者に比べ派遣労働者の雇用期間は短く1週間以内が67.7％となっている（**表2-9**）。

このことから、派遣労働者の利用状況は、本来最も作業期間が長く、労働力を必要としている果樹経営において少なく、稲作複合経営や畑作経営など作業期間が短い労働集約的作目を栽培していない農家の利

第2章　派遣労働者利用農家の特徴と選択要因

表2-9　雇用・利用労働者形態と作業期間

n=332（%）

	1週間以内	2週間以内	3週間以内	1ヶ月以内	2ヶ月以内	3ヶ月以内	3ヶ月以上	
パート	30.0	6.4	6.4	17.3	10.0	14.5	15.5	100.0
シルバー	50.0	25.0	25.0					100.0
派遣	85.7	14.3						100.0
その他(親戚等)	40.0	40.0				20.0		100.0
パート+シルバー	パート 20.0 シルバー 50.0	パート 10.0 シルバー 10.0	パート 10.0 シルバー 10.0	パート 10.0 シルバー 20.0	パート 20.0 シルバー 10.0	パート 30.0 シルバー 10.0	パート 10.0 シルバー 10.0	100.0
パート+実習生	実習生 100.0	実習生 14.3	実習生 14.3	パート 14.3	パート 14.3	パート 7.1	パート 64.3 実習生 100.0	100.0
パート+派遣	パート 38.7 派遣 67.7	パート 16.1 派遣 9.7	パート 6.5 派遣 3.2	パート 12.9 派遣 6.5	パート 6.5 派遣 3.2	パート 12.9 派遣 6.5	パート 9.7 派遣	100.0

資料：人材派遣会社A社「農家雇用労働力の現状におけるアンケート調査」より作成。

表 2-10　雇用・利用労働者別・作目別作業内容の割合

n=332（％）

		水稲	トマト	サクランボ	小豆	大豆	小麦	ビート
パート	播種作業	85.4						
	ポット洗い・苗運び	12.2						
	収穫作業		50.0	50.0				
	除草作業				100.0	100.0		95.5
	選別・選果作業		50.0	50.0				
	機械オペレータ	2.4					100.0	4.5
	計	100.0	100.0	100.0	100.0	100.0	100.0	100.0
シルバー	播種作業	80.0						
	ポット洗い・苗運び	20.0						
	収穫作業			72.7				
	除草作業				100.0	100.0		
	選別・選果作業		100.0					
	機械オペレータ			27.3				100.0
	計	100.0	100.0	100.0	100.0	100.0		100.0
実習生	播種作業							
	ポット洗い・苗運び							
	収穫作業		33.3	50.0				
	除草作業		33.3					
	選別・選果作業		33.3	50.0				
	機械オペレータ							
	計		100.0	100.0				
派遣	播種作業	38.1						
	ポット洗い・苗運び	61.9						
	収穫作業		100.0	75.0				
	除草作業				100.0	100.0	100.0	100.0
	選別・選果作業			25.0				
	機械オペレータ							
	計	100.0	100.0	100.0	100.0	100.0	100.0	100.0
その他	播種作業							
	ポット洗い・苗運び							
	収穫作業		50.0					
	除草作業							
	選別・選果作業		50.0					
	機械オペレータ							100.0
	計		100.0					100.0

資料：人材派遣会社 A 社「農家雇用労働力の現状におけるアンケート調査」より作成。
注：アンケートは複数回答である。

用が多い傾向にある。さらに、前述した農家においても、他の労働力と比べるとさらに利用期間が短いことが分かる。

次に派遣労働者における作物別作業内容である。**表2-10**は雇用労働者別・作物別作業内容の割合を示している。派遣労働者の作業内容は水稲に代表されるように、他の労働力では割合の小さい苗運搬・ポット洗いと言う単純な作業が高い割合を占めている。また、小豆・大豆・小麦・ビート等は除草作業のみの利用であり、パート労働者やシルバー人材センターから調達している労働力に見られる機械オペレータ作業等、技術が要求される作業は皆無である。

上記のことから、派遣労働者利用農家の特徴として、2つのことが挙げられる。第1に作目的に作業期間が短い農家が利用している点である。これは、複数の労働力を組み合わせて雇用・利用している農家においても同様で、派遣労働者の利用は他の労働力と比べ短期的であることが分かる。第2に作業内容はその他労働力と比べ極めて単純である点である。いいかえれば、派遣労働者には、機械オペレータ等の技術を要求する作業や、熟練度を必要としない軽作業のみに従事させていることが伺える。

第4節　派遣労働者の利用要因

第3節では派遣労働者利用農家の特徴を明らかにした。ここでは、その特徴である雇用期間が短期的な農家における利用が多数を占めている要因を賃金の視点から、作業内容が単純である要因を農家の評価から検討する。

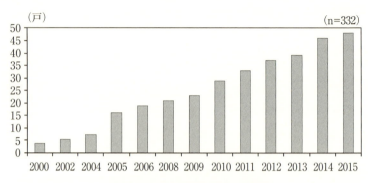

図2-2 派遣利用農家数の推移

資料:人材派遣会社A社「農家雇用労働力の現状におけるアンケート調査」より作成。

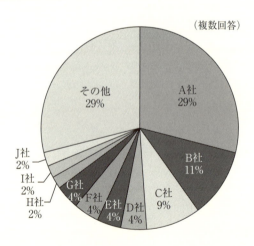

図2-3 派遣利用農家における人材派遣会社別割合

資料:人材派遣会社A社「農家雇用労働力の現状におけるアンケート調査」より作成。

（1）人材派遣会社の利用状況

　まず、人材派遣会社の利用状況を整理する。**図2-2**は派遣利用農家数の推移を示している。これをみると、2000年には4戸だったものが2010年には29戸まで増加し2015年には48戸となっている。すなわち、派遣利用農家の増加傾向がみてとれる。

　図2-3は派遣利用農家における人材派遣会社別割合を示している。利用している派遣会社は主に10社であり、A社が最も多く全体の29％、次いでB社が11％、C社が9％となっており、この3社で半数近くを占めていることが分かる。

（2）農家における人材派遣会社の評価

　農家における派遣労働者の評価をみると46％の農家が他の労働力と

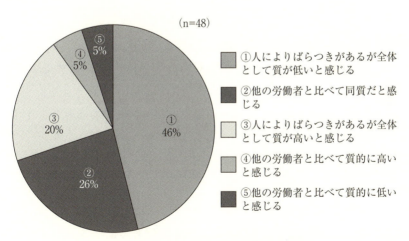

図2-4　農家における派遣労働者の評価

資料：人材派遣会社A社「農家雇用労働力の現状におけるアンケート調査」より作成。

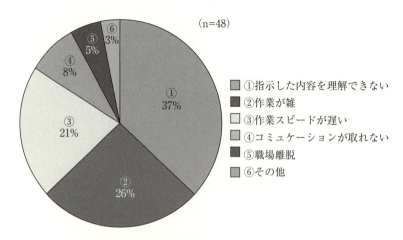

図2-5　派遣労働者における低評価理由

資料：人材派遣会社A社「農家雇用労働力の現状におけるアンケート調査」より作成。

比べ、バラツキはあるが全体として質が低いと回答している（**図2-4**）。その理由として、指示した内容を理解できないが37％との回答が最も高く、次いで作業が雑であるが26％となっている（**図2-5**）。以上から、農家による派遣労働者の評価は低く、単純作業しか任せることができない状況にあることが分かる。

派遣会社の利用理由として80％の農家がパート調達の困難をあげている（**図2-6**）。また、派遣会社から労働力を調達するメリットとして、利用期間が短期であっても労働者の調達が可能であることが44％と最も高い割合を示した（**図2-7**）。

この短期間の労働者雇用の困難さはパート賃金にも表れている。**表2-11**はパート賃金と作業期間の相関を表したものである。これをみると雇用期間が3ヶ月以上の場合、750円～800円の割合が46.9％と1番高いのに対し、3週間以内の場合、850円～900円となり、1週間以

第 2 章　派遣労働者利用農家の特徴と選択要因　　45

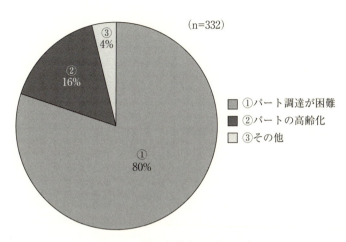

図2-6　派遣労働者の利用理由

資料：人材派遣会社A社「農家雇用労働力の現状に関するアンケート調査」より作成。

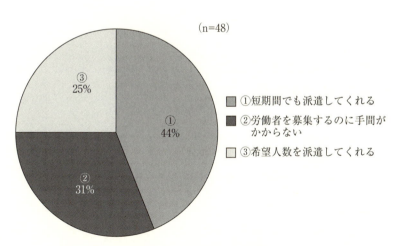

図2-7　人材派遣会社から労働力を調達するメリット

資料：人材派遣会社A社「農家雇用労働力の現状に関するアンケート調査」より作成。

表 2-11 パート賃金と作業期間の相関

n=332（%）

	1週間以内	2週間以内	3週間以内	1か月以内	2か月以内	3か月以内	3か月以上
<750	2.0			3.8	5.9	4.0	6.3
750-800	2.0	21.4	10.0	11.5	35.3	12.0	46.9
800-850	12.0	14.3	20.0	38.5	41.2	44.0	40.6
850-900	4.0	7.1	30.0	7.7	5.9	16.0	
900-950	20.0	14.3	20.0	11.5	5.9	4.0	6.3
1000-1050	46.0	35.7	20.0	23.1	5.9	12.0	
1100-1150	2.0					4.0	
1150-1200	2.0	7.1				4.0	
>1200	10.0			3.8			
	100.0	100.0	100.0	100.0	100.0	100.0	100.0

資料：人材派遣会社 A 社「農家雇用労働力の現状におけるアンケート調査」より作成。
注：点線以下は派遣料金を示している。派遣料金は人材派遣会社ごとに違いはあるが、多くの派遣会社は 1,200 円としている。

内の場合1,000円〜1,050円の割合が46.0％と1番高くなっている。このことから、雇用期間が短くなればなるほどパート労働者に支払う賃金が上昇する傾向が分かる。

　一般的にパートを雇用する場合、雇用期間が短期間であるほど労働力の調達が困難になるといわれており、雇用期間が短くなればなるほどパート賃金を上げざるを得なくなる傾向がある（注6）。

　派遣料金は派遣会社ごとに相違はあるものの、半数の派遣会社は時給1,200円としている。これは、パート賃金と比べ高額ではあるが、パート労働力を雇用する場合、作業期間が短期になればなるほど労働力調達が困難となりパート賃金が上昇するため、派遣料金との差が小さくなる（注7）。そのため、労働力の確実な確保を考えた場合、派遣労働力利用という選択に至るのである。

第5節　小括

　本章では北海道において最も人材派遣会社が集中している札幌を中心として労働者派遣が可能である12農協の内、調査可能であった5農協からのアンケート調査により農家が人材派遣会社という調達先を選択している要因を明らかにすることであった。

　まず、派遣労働者利用農家の特徴を整理した。その結果、作業期間が長く、労働力を必要とする労働集約的作目ではなく、むしろ作業期間は短い水稲や畑作などの粗放的な作目を栽培している農家がこれを利用しており、その作業内容は稲作におけるポット洗いや苗運び、畑作における除草作業等極めて単純な作業である点が明らかとなった。

　次に農家における派遣労働者利用の選択要因である。これは、以下の2つの要因が挙げられる。

　第1に、利用してきた労働力の高齢化と新たな調達の困難性である。農村地域における人口減少により地域内からの労働者確保は困難を極めており、派遣労働者を利用している農家は派遣労働力を他の労働力と比べ質は低いとしているにもかかわらず、派遣労働者を利用せざるを得ない状況となっているのである。

　第2に、パート労働者の短期雇用の困難性からくる賃金の上昇が挙げられる。上述したように、派遣労働力を利用している農家の多くは稲作や畑作経営といった労働力をスポット的に必要とする農家である。これら農家がパート労働者を雇用する場合、雇用期間が短期間であるほど労働力の調達が困難になるため、雇用期間が短くなればなるほどパート賃金を上げることでこれを確保しようとする傾向がある。このパート賃金の上昇は、高額といわれる派遣料金とパート賃金の差を埋

めることとなる。その結果、調達が安易である派遣労働者の利用に繋がっているのである。

[第2章　注釈]
（注1）2015年10月3日の主な市町村における事業所数である。なお、派遣事業は比較的参入障壁が低いため、事業所数は流動的である。
（注2）人材派遣会社A・B・C社からの聞き取りによると労働力商品の輸送時間と輸送コストにより、事業所からの距離の上限を70kmと定めている。そのため札幌市に事業所を持つ派遣会社が派遣可能な派遣先農家が所属している農協は周辺の12農協となる。
（注3）アンケートの実施は2015年2月から4月末日までの期間に農協に依頼し、配布した。なお、本アンケートは人材派遣会社A社の協力を得て行った（農家雇用労働力の現状におけるアンケート調査）。
（注4）本章における臨時の雇用・利用とは、パート、シルバー人材センター、一般派遣事業、外国人実習生、その他親戚等とする。また、④と⑧にその他が存在するが、④は雇用・利用労働力の種類が1つであるが①パート、②シルバー、③派遣に該当しないもの（親戚等）を指す。⑧は複数の労働力を組み合わせているが、⑤パートとシルバー、⑥パートと実習生、⑦パートと派遣に該当しない組み合わせを指している。
（注5）y・o農協における派遣労働力利用が極端に少ないが、アンケートの実施以前に、外国人実習生の受入れを強化したためである。2017年現在では、2つあった実習生受入れ業者の1つが倒産したこともあり、派遣利用の割合は若干ではあるが増加傾向にある。
（注6）農家複数戸からの聞き取りによるもの。
（注7）派遣料金は会社ごとに1,100円～1,500円と差が存在するが、多くの派遣会社が1,200円としている。派遣会社4社からの聞き取りによると、派遣料金の設定は最低賃金の動向と同業他社の派遣料金を比較しながら価格の設定を行っている。そのため、2015年段階では、派遣先までの交通費を含むか含まないかによって相違は生じるものの、多くの派遣会社が1,200円としている。

第3章
派遣労働者の特徴

第1節　本章の課題

　前章の農家アンケートで明らかになった通り、派遣労働者は他の労働力と比べ「質が低い」といわれている。そこで、本章ではどういったものが派遣労働者になっているのか、また、なぜ「質が低い」といわれているのかを、実際に派遣会社に登録し派遣業務を行っている派遣労働者を対象にその特徴を明らかにする。なお本章では、北海道札幌市に本社を構え、農業派遣を専門に行っている人材派遣会社A社（注1）を事例に分析を行う。本節に続く第2節では事例であるA社の概要を整理する。続く第3節では、派遣労働者の出身地、学歴に加えA社で派遣業務を行うに至るまでの経歴を整理し、その特徴をみた上で分類を行う。第4節では個々の派遣労働者についてA社が独自に設定している評価基準と第3節で分類した派遣労働者の経歴との関係を分析する。第5節では、上記を踏まえ、派遣労働者の性質について言及することで課題に接近する。

第2節　A社の概要と派遣登録段階における特徴

(1) A社概要

表3-1はA社の概要を示している。A社は2009年、北海道札幌市において創業した人材派遣会社である。事業内容は一般労働者派遣事業・有料職業紹介事業・農産物PR事業・イベント開催事業である。現在では、札幌本社以外に旭川営業所（一般派遣事業専門）、横浜営業所（農産物PR事業・イベント開催事業専門）を有し経営を行っている。2013年における従業員数は、社長、経理担当1名、イベント担当1名、派遣担当2名、特別労働者派遣スタッフ1名、計6名となっている。

表3-2は2010年度から2012年度の部門別売上の推移を示している。2012年度の売上の内、派遣事業の売上が約2.4億円、イベント開催・農産物PR事業の売上が約1,200万円となっている。イベント開催・PR事業の売上増加が見られるが、売上の90％以上が派遣事業によるものである。

表3-1　A社概要

本社	札幌市
営業所	旭川市 横浜市
事業内容	一般労働者派遣事業 有料職業紹介事業 農産物PR事業 イベント開催事業
創業	2009年3月
資本金（万円）	4,500
従業員（人）	6

資料：人材派遣会社A社からの聞き取りより作成。

表3-2　A社における部門別売上

(単位：万円)

	2010	2011	2012
派遣事業	15,000	25,000	24,000
イベント開催・PR事業	500	1,000	1,200

資料：人材派遣会社A社からの聞き取りより作成。
注：イベント開催・PR事業の売上は、派遣事業の売上割合から算出。

　また、派遣先を売上別にみると創業当初から農業派遣が全体の80％を占めている。2012年度では農業への派遣が85％と若干ではあるが増加しており、残りの15％が食品加工業・引越し業への派遣となっている。農業への派遣割合が大半を占めていることから農業を専門とした人材派遣会社であるといえる（注2）。

（2）派遣登録段階における特徴

　第1章で述べたように、派遣会社はそれぞれ独自の登録用紙を作成している。農業専門の人材派遣会社であるA社では、農業派遣に特化した登録用紙を作成している。これをみると、一般的な登録用紙の内容に加え、農作業経験の有無、作業経験のある作物に至るまで詳細な項目が存在する（**表3-3**）。また、登録用紙記入後の面接において、これまで行ってきた農作業経験の内容を詳しく聞き取ることで労働者の適性を把握している。これにより、登録労働者の中から農作業経験のある者を中心とした実働労働者を選出している（注3）。実働労働者とは登録用紙と面接により選別された登録労働者の中で常に派遣することが可能な労働者のことである。

　2013年6月における登録人数と実働労働者数をみると、登録労働者数1,307人に対し、実働労働者数は231人と低い水準にある（**表3-4**）。これは、A社の派遣業務以外の派遣会社に登録し派遣業務を行ってい

表3-3　A社における登録用紙の項目

一般的な基本事項		氏名	
		性別（男・女）	
		年齢	
		現住所	
		連絡先（電話番号・携帯電話番号・Eメールアドレス）	
		緊急連絡先（電話番号）	
		扶養（有・無）	
A社独自項目	作業経験の有無	農家経験	○農業経験（有・無）　　農業経営の経験（有・無） ○農業法人に在籍経験（有・無）
		農家業務	○畑作　○稲作　○温室　○重機オペレータ
		作物	○トマト　○ミニトマト　○大根　○ニンジン　○かぼちゃ ○ジャガイモ　○ブロッコリー
		一般業務	○食品加工　○倉庫　○引越し　○フォークリフト
	所有資格		●普通自動車免許　●大型自動車免許　○大型特殊自動車免許 ○フォークリフト運転技能士
	勤務地希望		○札幌　○石狩　○余市　○江別　○恵庭　○喜茂別　○留寿都 ○真狩　○富良野

資料：人材派遣会社A社登録用紙より作成。
注：A社独自項目の内、●に当たる項目は多くの派遣会社において有無を確認している。

表3-4　派遣労働者数の推移

（単位：人）

	2010	2011	2012	2013
登録労働者数	800	900	1,100	1,307
実働労働者数	200	200	250	231

資料：人材派遣会社A社からの聞き取りより作成。
注：登録人数、実働人数は6月のもの。

る労働者、派遣業務以外に主となる職を持っている労働者が多く登録しているからである。また、年齢層別の割合をみると登録労働者の内51歳～60歳が29.4％と一番高く、次いで41歳～50歳が27.3％となっている。実働労働者に関しても同様に51歳～60歳が29.8％、41歳～50歳が23.8％となっており、登録労働者、実働労働者ともに41歳から60歳で半数を占めている事が分かる（**表3-5**）。

表3-5　派遣労働者の年齢層別割合

	21～30歳	31～40歳	41～50歳	51～60歳	61～歳
登録労働者	13.8	15.7	27.3	29.4	13.9
実働労働者	10.6	17.9	23.8	29.8	17.9

資料：人材派遣会社A社からの聞き取りより作成。

（3）賃金昇給制

　A社における派遣料金と労働者支払い賃金をみると、農家が支払う派遣料金は時給1,200円であり、労働者に支払われる賃金は時給で750円から950円となっている（表3-6）（注4）。賃金にバラツキがみられるのは、昇給制によるものである。

　表3-7は昇給に必要な評価基準を示している。A社は独自の評価基準を元に月に1度の昇給を行っている。この昇給には、連続した25日

表3-6　A社における派遣料金と労働者支払い賃金

	時給	
派遣料金	1,200円	
賃金	750円～950円（最高昇給額）	ガソリン代＋（800＋40×乗車人数）
A社マージン率	37.5%～21%	

資料：人材派遣会社A社からの聞き取りより作成。

表3-7　昇給に必要な評価基準

A社による評価	・連続した25日（1か月）以上の出勤があること。 （病気・怪我等明確な理由がある場合25日以上の連続を必要としない場合もある） ・他の労働者に迷惑行為をしていない。（セクハラ・暴力行為等） ・A社に対して迷惑行為を行っていない。（遅刻・無断欠勤）	
派遣先による評価 （農家評価）	・無断で職場を離れない。（職場離脱） ・無断で早退しない。（無断早退） ・2つ以上の派遣先農家で高評価を得ている。	
	その他	特殊技能（重機オペレータ等）を有する者。

資料：人材派遣会社A社からの聞き取りより作成。

（1か月）以上の出勤、セクシャル・ハラスメント・暴力行為など派遣労働者に対しての迷惑行為の有無、遅刻・無断欠勤といったA社に対しての迷惑行為の有無といったA社からみた評価に加え、職場離脱・無断早退といった派遣先農家からの評価といったようにA社と派遣先農家、双方からの評価によって決定される。

　後者からの評価を行うためには、派遣先農家における労働者の勤務状況・作業内容を把握し管理する必要がある。そのため、A社では労働者を派遣した際、派遣先農家と頻繁に連絡を取り合い、労働者別に作業内容（収穫・選別・選果・除草等）作業態度を確認している。さらに、社員による現場視察を頻繁に行うことでこれを可能にしている。

第3節　派遣労働者の特徴

　第1章で述べたように、派遣会社に登録するために必要となるものは登録用紙のみである。しかし、A社では、過半数の労働者が履歴書を提出している（注5）。以下では2013年6月末日までにA社に履歴書を提出した登録労働者807人と実働労働者151人を対象にA社が統計処理を行った資料をもとに分析を行う（注6）。

　まず、出身地別人数の割合であるが、登録労働者、実働労働者ともに80％以上が北海道出身者であることが分かる（**表3-8**）。これは、A社の所在地が北海道にあることに起因する。

　次に、最終学歴をみる。登録労働者男性の57％、女性53.8％が高等学校卒となっている。また、実働労働者でも同様に、男性で56.5％、女性で55.9％と高等学校卒が過半数を占めていることが分かる（**表3-9**）。

　最後に派遣労働者の経歴である。経歴はその特徴から、男性を学生

表3-8　A社における派遣労働者の出身地別人数と割合

	登録労働者						実働労働者					
	男		女		計		男		女		計	
	人数(人)	割合(%)	人数(人)	割合(%)	人数(人)	割合(%)	人数(人)	割合(%)	人数(人)	割合(%)	人数(人)	割合(%)
北海道	371	81.4	297	84.6	668	82.8	76	82.6	51	86.4	127	84.1
東北	23	5.0	12	3.4	35	4.3	4	4.3	1	1.7	5	3.3
関東甲信越	31	6.8	22	6.3	53	6.6	5	5.4	4	6.8	9	6.0
北陸	8	1.8	7	2.0	15	1.9	1	1.1	0	0.0	1	0.7
東海	5	1.1	4	1.1	9	1.1	1	1.1	1	1.7	2	1.3
関西	11	2.4	3	0.9	14	1.7	3	3.3	1	1.7	4	2.6
中四国	3	0.7	1	0.3	4	0.5	1	1.1	0	0.0	1	0.7
九州沖縄	3	0.7	5	1.4	8	1.0	0	0.0	1	1.7	1	0.7
その他	1	0.2	0	0.0	1	0.1	1	1.1	0	0.0	1	0.7
	456	100.0	351	100.0	807	100.0	92	100.0	59	100.0	151	100.0

資料：人材派遣会社A社からの聞き取りより作成。
注：その他は海外（中国）となっている。

型・フリーター型・ダブルワーク型・転職型・定年型の5つに、女性を、前述した5つの型に育児一段落復帰型を加えた6つに分類することができる。

　学生型とは、高校・大学に在籍中の派遣労働者を指す。フリーター型とは、経歴の中で一度も定職についたことがない派遣労働者のことであり、派遣労働者となる以前はアルバイトや季節労働者を主な職としていたものを指す。ダブルワーク型とは派遣労働以外に定職（自営業等）を持っている派遣労働者を指す。転職型とは過去に定職についたことはあるものの派遣労働者となったものを指す。特徴として転職を繰り返してきた傾向がある。定年型とは、定年退職後に派遣労働者となった労働者を指す。また、女性のみにみられる育児一段落復帰型とは、過去に定職についていたものの、育児により離職し、育児終了

表3-9　A社における派遣労働者の学歴

学歴	登録労働者						実働労働者					
	男		女		計		男		女		計	
	人数(人)	割合(%)	人数(人)	割合(%)	人数(人)	割合(%)	人数(人)	割合(%)	人数(人)	割合(%)	人数(人)	割合(%)
中学校卒業者	37	8.1	21	6.0	58	7.2	7	7.6	4	6.8	11	7.3
定時制高校卒業者	54	11.8	17	4.8	71	8.8	6	6.5	3	5.1	9	6.0
高等学校卒業者	260	57.0	189	53.8	449	55.6	52	56.5	33	55.9	85	56.3
専門学校卒業者	64	14.0	45	12.8	109	13.5	14	15.2	9	15.3	23	15.2
短期大学卒業者	17	3.7	63	17.9	80	9.9	3	3.3	6	10.2	9	6.0
大学卒業者	21	4.6	16	4.6	37	4.6	8	8.7	4	6.8	12	7.9
修士課程修了者	1	0.2	0	0.0	1	0.1	1	1.1	0	0.0	1	0.7
博士課程修了者	2	0.4	0	0.0	2	0.2	1	1.1	0	0.0	1	0.7
計	456	100.0	351	100.0	807	100.0	92	100.0	59	100.0	151	100.0

資料：人材派遣会社A社からの聞き取りより作成。

後に派遣労働者となったものを指す。

　表3-10はA社派遣労働者の経歴別類型と人数を示している。これをみると、男性では登録労働者・実働労働者ともに転職型が一番多く全体の60%以上を占めている。また、女性は育児一段落復帰型が多く35%を超えており、次いで転職型が多い傾向にある。

表3-10　A社における派遣労働者の経歴別類型と人数

	類型	特徴	登録労働者 人数（人）	登録労働者 割合（％）	実働労働者 人数（人）	実働労働者 割合（％）
男性	学生型	高校・大学に在籍中（休学中も含む）の派遣労働者を指す。	44	9.6	11	12.0
	フリーター型	経歴の中で一度も定職についたことがない派遣労働者を指す。	65	14.3	14	15.2
	ダブルワーク型	派遣以外の定職（主に自営業）を持っている派遣労働者を指す。	19	4.2	5	5.4
	転職型	定職についたことはあるが派遣労働者となったものを指す。特徴として、転職回数が多い点があげられる。	296	64.9	57	62.0
	定年型	定年退職後、派遣労働者となったものを指す。	32	7.0	5	5.4
	計		456	100.0	92	100.0
女性	学生型	高校・大学に在籍中（休学中も含む）の派遣労働者を指す。	34	9.6	5	8.5
	フリーター型	経歴の中で一度も定職についたことがない派遣労働者を指す。	57	16.0	9	15.3
	ダブルワーク型	派遣以外の定職（主に自営業）を持っている派遣労働者を指す。	7	2.0	3	5.1
	育児一段落復帰型	過去に定職に就いたことのあるものの中で、育児が終了し、職を求めて派遣労働者となったものを指す。	128	36.0	21	35.6
	転職型	定職についたことはあるが派遣労働者となったものを指す。特徴として、転職回数が多い点があげられる。	111	31.2	18	30.5
	定年型	定年退職後、派遣労働者となったものを指す。	19	5.3	3	5.1
	計		356	100.0	59	100.0

資料：人材派遣会社A社からの聞き取りより作成。

第4節　派遣労働者の評価と経歴的特徴

　上記したように、A社では昇給を行うための評価基準を設けている。以下では実際に派遣労働を行っている実働労働者に焦点を当て、A社による昇給評価基準と派遣労働者の経歴の関係性について分析を行う。

　そのために、A社の評価基準から派遣労働者を3つの層に分類する。まず、高評価層である。これは、昇給評価基準を満たし昇給対象となっている者とする。次に中評価層である。中評価層は素行に問題はないものの昇給対象となっていない派遣労働者であり、大多数がこの層に属すため最も層が厚くなっている。最後に、低評価層である。低評価層は、派遣先農家からのクレームがあった者や迷惑行為がみられ素行に問題ありと判断された者で構成されており、解雇の可能性を内包している（**表3-11**）（注7）（注8）。

　この評価基準を軸に実働労働者の経歴の関係性を男女に分けて示したものが、**表3-12**と**表3-13**である。これをみると高評価層の割合が高い実働労働者は男性のダブルワーク型で75％、学生型で36.4％、フ

表3-11　A社における派遣労働者評価基準

高評価層	①A社が行っている派遣先農家からの聞き取りと現場視察において3つ以上の派遣先で高評価であった者。 ②他の労働者に迷惑行為を行っていない者。（暴力行為・セクハラ行為等） ③A社に迷惑行為を行っていない者（遅刻・無断欠勤）。	賃金昇給対象
中評価層	高評価基準のうち②と③が当てはまっている者。	例外として特定の派遣先で昇給している場合がある
低評価層	①派遣先農家からクレームがあった者。 ②他の派遣労働者に迷惑行為を行った者。 ②A社に迷惑行為を行った者。	解雇の対象に成り得る者

資料：人材派遣会社A社からの聞き取りより作成。

表 3-12 男性実働労働者における経歴別の評価（2013 年）

			学生型		フリーター型		ダブルワーク型		転職型		定年型	
			人数(人)	割合(%)	人数(人)	割合(%)	人数(人)	割合(%)	人数(人)	割合(%)	人数(人)	割合(%)
派遣会社評価基準	高評価層		4	36.4	4	28.6	3	75.0	6	10.5	1	20.0
	中評価層		7	63.6	8	57.1	2	25.0	33	57.9	1	20.0
	低評価層	クレーム回数 1			2	14.3			3	5.3	2	40.0
		2							4	7.0		
		3							3	5.3	1	20.0
		4							2	3.5		
		5							6	10.5		
計			11	100.0	14	100.0	5	100.0	57	100.0	5	100.0

資料：人材派遣会社 A 社からの聞き取りより作成。

リーター型で28.6％となっている。また、女性ではダブルワーク型66.7％、フリーター型33.3％、育児一段落復帰型23.8％となっており、男女ともにダブルワーク型とフリーター型に高評価層が集中している。

また、転職を繰り返し派遣労働者となった転職型をみると、高評価層が男性で10.5％、女性で0％と他の経歴と比べ極端に少ない。逆に低評価層をみると男性で31.6％、女で38.9％となっており、男女ともに低評価層が多いという特徴が伺える。

第5節　派遣労働者の性質

以下ではこの、高評価層に注目しながら、派遣労働者の特徴をみることにする。

表3-14はA社における実働労働者の評価別派遣労働者人数と割合の比較を示している。ここで注目すべきは、高評価層の割合である。2013年では男性19.6％、女性20.3％であったが、2016年には男性11.8％、

表 3-13 女性実労働者における経歴別の評価（2013 年）

		学生型 人数(人)	学生型 割合(%)	フリーター型 人数(人)	フリーター型 割合(%)	ダブルワーク型 人数(人)	ダブルワーク型 割合(%)	育児一段落復帰型 人数(人)	育児一段落復帰型 割合(%)	転職型 人数(人)	転職型 割合(%)	定年型 人数(人)	定年型 割合(%)
派遣会社評価基準	高評価層	1	20.0	3	33.3	2	66.7	5	23.8	11	61.1	1	33.3
	中評価層	4	80.0	6	66.7	1	33.3	13	61.9	2	11.1	1	33.3
	低評価層 クレーム回数 1							2	9.5				
	2							1	4.8	2	11.1	1	33.3
	3									3	16.7		
	4												
	5												
	計	5	100.0	9	100.0	3	100.0	21	100.0	18	100.0	3	100.0

資料：人材派遣会社 A 社からの聞き取りにより作成。

表3-14　A社における評価別派遣労働者人数と割合

	2013				2016			
	男性		女性		男性		女性	
	実数(人)	割合(%)	実数(人)	割合(%)	実数(人)	割合(%)	実数(人)	割合(%)
高評価層	18	19.6	12	20.3	12	11.8	18	12.8
中評価層	51	55.4	36	61.0	75	73.5	117	83.0
低評価層	23	25.0	11	18.6	15	14.7	6	4.3
計	92	100.0	59	100.0	102	100.0	141	100.0

資料：人材派遣会社A社からの聞き取りより作成。
注：2016年も2013年の同様6月派遣労働者の実働労働者数を示している。また、2015年から履歴書の提出を強制にしたことに2016年における履歴書提出率は100%となっている。

表3-15　A社実働労働者の評価層別残留人数と割合

	2013		2016			
	男性	女性	男性		女性	
	実数(人)	実数(人)	実数(人)	割合(%)	実数(人)	割合(%)
高評価層	18	12	2	11.1	4	40.0
中評価層	51	36	33	64.7	27	75.0
低評価層	23	11	18	78.3	9	81.8
計	92	59	53	65.4	40	76.9

資料：人材派遣会社A社からの聞き取りより作成。
注：低評価層に該当する派遣労働者の内、2013年から2016年にかけて、男性で5人女性で2人の流出がみられる。これはA社に解雇された者であり、その他はすべて滞留している。

女性12.8%まで減少している。また、派遣労働者評価別残留人数とその割合をみると、高評価層の残留割合は男性で11.1%、女性で40.0%と低く、多くの労働者がA社との雇用関係を解消し流出していることが分かる。それに対し低評価層における残留割合をみると男性で78.3%、女性で81.8%と高くほとんどの労働者が派遣労働者としてA社に留まっていることが分かる（**表3-15**）（注9）。

図3-1はA社から流出した派遣労働者の就職先を示している。これをみると男性では物流業で20.5%、製造業で15.4%と高い割合を示していることが分かる。女性ではサービス業が26.3%と最も高くなって

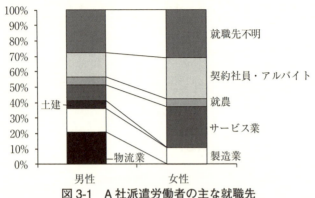

図 3-1　A社派遣労働者の主な就職先

資料：人材派遣会社A社からの聞き取りより作成。
注：男性における就職先不明の中にはA社から解雇された者も含まれる。

いる。

　また、男性のうち15.3％、女で26.3％という比較的高い割合を非正規雇用である契約社員・アルバイトが占めていることが確認できる。これは、多くの派遣労働者が、労働内容よりも賃金の高さを求める傾向があり、再就職先の雇用形態が正規雇用でない場合であっても、賃金が高額であれば派遣労働者という雇用形態を放棄するためである。つまり、非正規雇用における契約の打ち切りがあった場合においても派遣労働者への復帰が容易である点が要因となっているのである（注10）。

第6節　小括

　本章の課題は、派遣会社に登録し派遣業務を行っている派遣労働者の特徴を人材派遣会社A社から明らかにすることであった。
　上記の課題に接近するために、まず派遣労働者の経歴から男性を学

生型、フリーター型、ダブルワーク型、転職型、定年型の5つに、女性に関しては男性に育児一段落復帰型を加えた6つに分類した。

その上で、上記した派遣労働者の経歴別分類と派遣会社からの評価との関係性について分析を試みた。その結果、男女ともに転職を繰り返し派遣労働者に至った転職型に該当する労働者の評価が圧倒的に低いことが明確となった。

また、派遣労働者の特徴として、「質が高い」高評価層から順に派遣会社との雇用関係を解消し流出する傾向にあることが明らかとなった。派遣労働者は一般的に低収入であり、現状より高い労賃を要求することが大きな理由として挙げられる。そのため、現状よりも賃金の高い雇用先を確保できる派遣労働者は雇用先の雇用形態に関係なく派遣労働者という雇用形態を放棄するのである。その要因として、雇用形態が安定的とはいい難い非正規雇用であっても、派遣労働者へ復帰が容易であることがいえる。

以上のことから派遣会社には「質が低い」低評価層が滞留していく傾向にあることが明らかとなった。

[第3章　注釈]
（注1）派遣先の中で農家の割合が高い農業専門の派遣会社の内、札幌市に本社を置く派遣会社は、4社存在する。A社は、その中で契約農家数1位、売上で2位の規模を持ち本書の事例としてふさわしいといえる。
（注2）A社からの聞き取りによるもの。
（注3）実働労働者の選出は**表3-8**、**表3-9**、**表3-10**をみると分かるように、出身地、学歴、経歴をみると登録労働者と実働労働者の割合は比例している。このことから、出身地、学歴、経歴の差によって選出されているわけではなく、あくまで農作業経験の有無と、面接による受け答えによるところが大きい。

(注４) A社では派遣料金が1,200円で固定されているため、賃金が上がればマージン率は減少する。そのため昇給の上限金額を950円に設定している。なお、上限金額である950円は農業派遣を行う他社と比べて高い水準である。
(注５) 人材派遣会社A社は、派遣事業の他に職業紹介事業を行っているため設立時から履歴書の提出を推奨してきた。また、2015年より履歴書の提出を義務化した。
(注６) 調査の上で履歴書の提示は個人情報の流出になるため、A社の社員が個人を特定できないよう統計処理を行った資料をもとに聞き取りを行った。
(注７) 評価基準を定めた2013年より2016年に至るまで、一度評価が決定した労働者の上層は実例がない。しかし、中評価層の中で、特定の農家のみで昇給している者は存在する。
(注８) 評価基準をみると、作業における能力と素行から評価しているが、現状をみると能力の低さから素行が悪いと判断されており単に素行が悪いという者は存在しない。
(注９) 低評価層においても派遣会社からの流出が見られる。これは、職場離脱、セクシャルハラスメント、無断欠勤の回数が多いといった理由から派遣会社から解雇されたものである。解雇されたものは、障害者手帳を保有している身体障害者である。A社では作業に支障をきたす場合があるため、障害者手帳を持っている者は派遣登録段階において障害の内容等の説明を義務付けているが、彼らは障害者手帳を保有していることを隠して登録していたことが解雇直前に発覚し、解雇となった。これに該当しない低評価層全員がA社に残留している。
(注10) 人材派遣会社A社とA社派遣労働者からの聞き取りによるもの。

第4章
人材派遣会社による農作業労働者の派遣対応

第1節　本章の課題

　前章では、派遣労働者を利用している農家が感じている「質の低さ」に関して、実際に派遣会社に登録し、派遣を行っている派遣労働者の特徴を分析し「質の低い」派遣労働者が滞留していくことを明らかにした。これに加え第1章で整理した派遣の特性（注1）を鑑みると習熟問題に対する対応の重要性は高いといえる。

　本章では上記した習熟問題と日雇い派遣の禁止にともなう派遣期間問題の2点に対する対応を人材派遣会社の視点から明らかにする。なお、本章においても前章に続き人材派遣会社A社を事例にする。本節に続く第2節では、A社において労働者を派遣するために行っている派遣先農家の地域区分についての整理を行う。第3節では、A社が習熟問題に対する対応として行っている派遣労働者を同一農家に固定して派遣するための工夫をみる。第4節では、派遣期間問題に対する対応として行っている連続化対応を明らかにすることで課題に接近する。

第2節　派遣先地域の区分

　ここでは、派遣労働者の派遣先地域区分を整理する。前章で述べた通り、A社は農業を専門とした派遣会社であるが、農閑期の作業を確保するために、引っ越し業務や水産加工業務といった農外における派遣業も若干ではあるが行っている。そのため、派遣事業は大きく農業部門とその他部門（引越し・加工場等）の2つに分類される。本書では農業派遣を対象としているため、以下では、主に農業部門に焦点を当てて分析を行う。

　農業部門における派遣先をみると7地域に区分していることが分かる。これをみると札幌事業所管轄地域は①仁木町・余市町、②積丹町、③新篠津村・当別町、④京極町・留寿都村・洞爺湖町・喜茂別町・真狩村、⑤恵庭市・千歳市・江別市の5地域であり、旭川営業所管轄地域は、①富良野市、②東神楽町の2地域となっている。ここから分かるように、派遣先を各営業所から車で2時間圏内（70km）となっている。これは上述したように労働力商品の輸送時間と輸送コストから移動限界地域を規定しているからである。

　この派遣先の区分は実働労働者の勤務希望地と作業内容の希望を優先し各地域に配置することを目的としA社が独自に行っているものである。派遣先農家までの移動については、前日もしくは前々日に、派遣先農家の所在地・集合時間・作業内容を電話・メールまたはFAXで派遣労働者に連絡を行う。

　ここで問題になるのは、派遣労働者の派遣先農家までの移動である。派遣業における派遣労働者の移動方法は2つに分類される。まず、自己通勤型である。自己通勤型には、自家用車を利用する自家用車利用

型と公共交通機関を利用する公共交通機関利用型がある。農業派遣に公共交通機関利用型では、交通機関の有無が影響するため難しく自家用車利用型が一般的となっている。しかし、多くの派遣労働者は自家用車を所有していない。そのため派遣会社が派遣先までの輸送を行う派遣会社輸送型が存在する。これには、事業所集合型と呼ばれる事業所に派遣労働者を集合させ派遣先に輸送する方法と、各派遣労働者の家、もしくは家の近くまで送迎を行う送迎型が存在する。しかし、農業においては作業開始時間が早朝となるため、派遣労働者が事業所に集合することは難しく、送迎型が一般的である。そこでA社では移動手段を保有していない派遣労働者のために輸送専門の労働者を雇用し、送迎を用いて対応を行っている。

第3節　派遣労働者の固定化対応

　表4-1はA社における派遣先地域と地域別に派遣される実働労働者数とその作業内容を示している。これをみると2つのことが分かる。まず、主な作業内容は農産物の収穫作業であるため、農繁期である7月から10月に派遣が集中している点である。次に登録段階で選別された実働労働者を各地域に割り振っている点である。この振り分けは実働労働者が希望する勤務地と作業内容を優先して行われる。実働労働者は、振り分けられた地域における派遣先農家の業務を担当するため、他の地域への移動はあまり行われない。

　A社では、地域ごとに振り分けられた実働労働者を連続的に同一農家に固定化して派遣することを基本としている。人材派遣業を始めた当初、A社では、その時々において、労働可能な派遣労働者を農家に派遣していた。そのため、場合によっては日ごとに異なる労働者を派

表4-1 A社における派遣先地域と作業内容

営業所	地域	契約農家戸数（派遣戸数）	実動労働者数	作物	1月上	中	下	2月上	中	下	3月上	中	下	4月上	中
札幌	仁木町 余市町	75 (60)	90	サクランボ											
札幌	仁木町 余市町	75 (60)	90	トマト											
札幌	仁木町 余市町	75 (60)	90	ミニトマト											
札幌	積丹町	5 (5)	15	畜産											
札幌	新篠津村 当別町	20 (20)	25	米											
札幌	新篠津村 当別町	20 (20)	25	麦											
札幌 農業	JAようてい 京極町 留寿都村 洞爺湖町 喜茂別町 真狩村	50 (30)	50	ニンジン選別											
札幌 農業	JAようてい 京極町 留寿都村 洞爺湖町 喜茂別町 真狩村	50 (30)	50	長いも											
札幌 農業	JAようてい 京極町 留寿都村 洞爺湖町 喜茂別町 真狩村	50 (30)	50	ジャガイモ											
札幌 農業	JAようてい 京極町 留寿都村 洞爺湖町 喜茂別町 真狩村	50 (30)	50	大根											
札幌 農業	JAようてい 京極町 留寿都村 洞爺湖町 喜茂別町 真狩村	50 (30)	50	ニンジン											
札幌	恵庭市 千歳市 江別市	35 (25)	40	カボチャ											
札幌	恵庭市 千歳市 江別市	35 (25)	40	ジャガイモ											
札幌	恵庭市 千歳市 江別市	35 (25)	40	ブロッコリー											
札幌	計	185 (140)	220												
旭川	富良野市	25 (20)	25	ジャガイモ											
旭川	富良野市	25 (20)	25	玉ねぎ											
旭川	東神楽町	5 (5)	5	米											
旭川	計	30 (25)	30												
その他	札幌市			引越し業務											
その他	石狩市			水産加工業											

資料：人材派遣会社A社からの聞き取りにて作成。
注：契約農家戸数・実動労働者人数はA社からの聞き取りによる割合より算出。

遣していた。これが原因となり、派遣労働者は作業に習熟することができず、派遣先農家は派遣労働者が変わるたびに、1から作業を教えなければならない状況であった。そのため、派遣先農家から、同一の労働者の派遣を希望する問い合わせが多数あり、派遣労働者の習熟を目的として2011年度から同一農家に固定化した派遣を開始したのである。

　仁木・余市地域におけるさくらんぼ・トマトの収穫、京極・留寿都・洞爺湖・喜茂別・真狩におけるジャガイモ・大根・ニンジンの収穫においては作業が長期化し、これを可能とするが、同一農家での作業期間が極端に短い（いわゆるスポット）地域においては固定化の困

第4章　人材派遣会社による農作業労働者の派遣対応

	5月		6月			7月			8月			9月			10月			11月			12月		
下	上	中	下	上	中	下	上	中	下	上	中	下	上	中	下	上	中	下	上	中	下
						収穫・選別・選果															
									収穫・除草・選別・選果												
									収穫・除草・選別・選果												
		田植え・苗運び																			
収穫																					
													収穫・選別								
							収穫														
										収穫											
			播種				収穫														
						収穫					収穫・選別										
							収穫・選別														
											収穫・選別										
							選別・選果														
		田植え・苗運び																			

難に加え、日雇い派遣禁止法をクリアできず対応を迫られることとなる。以下では、作業期間が短い農家が多く存在し、作業期間の連続化が最も困難である恵庭・千歳・江別地域を対象に労働者派遣のシフト調整をみる。

第4節　連続化対応

表4-2は2013年7月26日から8月28日の期間における恵庭市・千歳市・江別市地域の派遣労働者12人と派遣先農家4戸の予定シフトである（注2）。

各農家における作業内容は、A～C農家はジャガイモ収穫作業、D

表4-2 恵庭・千歳・江別地区における派遣労働者の予定シフト

担当地区	労働者	住所	性別	日付									
				7/26	27	28	29	30	31	8/1	2	3	4～28
地区内	a	中央区	男	A農家				C農家					D農家
	b	清田区	女	A農家				C農家					D農家
	c	豊平区	男	A農家				C農家					D農家
	d	清田区	女	B農家									D農家
	e	中央区	男	D農家									
	f	清田区	男	D農家									
	g	不明	男	D農家									
	h	不明	男	D農家									
	i	不明	女	D農家									
その他	k	中央区	男	B農家									
	l	北広島	女	B農家									D農家
	m	中央区	男	B農家									仁木・余市（選果）

資料：人材派遣会社A社と派遣労働者からの聞き取りにて作成。
注：その他は学生を指す。このシフトでは実動労働者に含まれない学生を利用している。

　農家は7月26日～31日まではジャガイモ収穫作業、それ以降はジャガイモとカボチャの収穫作業となっている。
　この段階では、派遣労働者a～cをA農家に4日、C農家に4日、D農家に25日間、労働者dをB農家に8日間、D農家に25日間、派遣労働者e～iをD農家に34日間派遣し、同時に日雇い派遣禁止法の対象外となる学生k～mをスポット的に利用し、B農家へ派遣する予定であった（注3）。
　これをみるとスポット的な派遣においても派遣労働者を同じ派遣先農家に固定化し派遣することを予定していることが分かる。また、A～C農家のような作業が短期的な農家とD農家のような作業が長期的な農家を組み合わせてシフトを組むことで、31日以上の連続派遣を実現しようとしていることが伺える。
　しかしながら、実際には、作業の進展状況による派遣人数の変更や

表4-3　恵庭・千歳・江別地区における派遣労働者の実動向

担当地区	労働者	住所	性別	7/26	27	28	29	30	31	8/1	2	3	4~28
地区内	a	中央区	男	A農家	A農家	A農家	A農家	B農家	B農家	B農家	B農家	A農家	D農家
	b	清田区	女	A農家	A農家	A農家	A農家	B農家	B農家	B農家	B農家	A農家	D農家
	c	豊平区	男	A農家	A農家	A農家	A農家	漁連倉庫（ヘルプ）	漁連倉庫（ヘルプ）	漁連倉庫（ヘルプ）	漁連倉庫（ヘルプ）	A農家	D農家
	d	清田区	女	B農家	B農家	B農家	B農家	病欠	病欠	病欠	病欠	D農家	D農家
	e	中央区	男	D農家	D農家	D農家	D農家	D農家	D農家	D農家	D農家	D農家	D農家
	f	清田区	男	D農家	D農家	D農家	D農家	D農家	D農家	D農家	D農家	D農家	D農家
	g	不明	男	D農家	D農家	D農家	D農家	D農家	D農家	D農家	D農家	D農家	D農家
	h	不明	男	D農家	D農家	D農家	D農家	D農家	D農家	D農家	D農家	D農家	D農家
	i	不明	女	D農家	D農家	D農家	D農家	D農家	D農家	D農家	D農家	D農家	D農家
地区外 その他	j	北区	女	仁木・余市（農家）	仁木・余市（農家）	仁木・余市（農家）	仁木・余市（農家）	C農家	C農家	C農家	C農家	仁木・余市（農家）	仁木・余市（農家）
	k	中央区	男	B農家	B農家	B農家	B農家	C農家	C農家	C農家	C農家		
	l	北広島	女	B農家	B農家	B農家	B農家	C農家	C農家	C農家	C農家		D農家
	m	中央区	男	B農家	B農家	B農家	B農家	B農家	B農家	B農家	B農家	A農家	仁木・余市（選果）

資料：人材派遣会社A社と派遣労働者からの聞き取りにて作成。
注：その他は学生を指す。このシフトでは実動労働者に含まれない学生を利用している。

労働者のトラブルにより予定シフト通りに派遣することは困難になる。

実際に起こった派遣人数の変更と労働者のトラブルを農家側と派遣労働者側から整理すると以下の5つが上げられる。

まず農家側変化をみる。①B農家が作業進展により7月30日から8月2日の要望人数を4人から3人に変更した。②作業に遅れがでたA農家が8月3日の派遣人数を3人から4人に変更した。

次に派遣労働者側の問題点をみる。③水産加工場にて、労働者の欠員が出たためcを補充要員として派遣した。④dが病欠により5日間の休暇を届け出た。⑤学生であるkとlが労働条件の悪さに耐えかね労働先の移転届けを願い出た。

表4-3は実際の派遣動向を示している。これをみると予定シフトとは異なるものの、できる限り予定シフトを崩さずに同一の労働者を固

定化させて対応していることが分かる。

　以上のことからA社では、A～C農家のようなスポット的な派遣に加え、D農家のような作業適期が問われず作業が長期化する農家をバッファとしてシフトに組み込むことで31日以上の連続派遣を可能にしているのである（注4）。

　ここで取り上げた、2013年7月26日から8月28日の期間における恵庭市・千歳市・江別市地域のシフトをみると、作業期間がスポット的な農家はA農家・B農家・C農家と少ないが、第2章で明らかとなった通り、農業派遣においては作業期間が極端に短い農家が大半を占めているのが現状である。そのため、農業派遣を行う人材派遣会社ではバッファとなる農家の確保が重要な課題となっているのである。

第5節　小括

　本章では、農業において派遣労働者を利用するためにクリアしなければならない2つの問題点である、習熟問題と日雇い派遣の禁止にともなう派遣期間問題の対応についてA社を事例に派遣会社側の対応から明らかにした。

　習熟問題に対しては、まず、派遣先農家を地域別に区分し、実動労働者を地域ごとに振り分ける。次に、派遣労働者を同一農家に固定化して派遣することで対応していた。

　派遣期間問題に対しては、利用期間が短期的な農家の場合、長期にわたり作業が存在する農家をシフトに組み込むことにより派遣の連続化を可能にし、日雇い派遣禁止法を解消していた。このことから分かるように、派遣法から端を発する派遣期間問題を解消するためには、必ず長期間の作業を持つ農家がバッファとなる必要性があり、作業適

期を問わない、作業期間が長期に及ぶ農家をバッファとして利用し対応していることが明らかとなった。

　上記の派遣労働者の固定化と作業期間が長期に及ぶ農家をバッファとしたシフト調整を一連の流れで行うことで、上記問題に対応しているのである。

[第4章　注釈]
（注1）ここでいう派遣の特性とは、1章で記した作業が長期化する場合においても、派遣される労働者が日ごとに異なる可能性を内包していることを指す。
（注2）A社の派遣担当社員は事前に派遣先農家から大まかな派遣人数、派遣期間を確認し予定シフトを作成している。
（注3）ここで、学生がスポット的に派遣されているが、これは、実働労働者のみでは派遣先農家が希望する派遣人数に応えることができず、その他登録労働者を派遣しているためである。
（注4）本章で明らかとなったA社のシフト調整は各派遣会社社員同士の交流・情報交換を通じ広く普及しており、2016年段階において、少なくともA社・B社・C社・E社・G社の5社で確認できる。

第 5 章
バッファ農家における派遣利用型農作業形態の形成論理と余剰派遣労働者の吸収

第1節　本章の課題

　前章で明らかにした派遣期間問題を解決する上で重要となるバッファ機能を有する農家（以下バッファ農家）は派遣労働者の利用人数の多さもあり、より深刻に習熟問題を抱えている（注1）。そのため、多くのバッファ農家ではこの問題に対応するために、派遣労働者利用に特化した農作業形態を形成している。そこで本章では、バッファ農家を対象に派遣労働者を利用するために構築された派遣利用型農作業形態の形成論理とバッファ機能を有するが故に生じる余剰派遣労働者の吸収方法を明らかにする。そこで、本節に続く第2節では、事例農家における作業形態の特徴を整理する。第3節と第4節では、派遣利用型作業形態の形成論理を明らかにする。第5節でバッファ機能によって生じる余剰派遣労働者の吸収方法を明らかにすることで課題に接近する。

第2節　対象農家における作業形態の特徴

(1) 対象事例の概要

本章では札幌市に本社を構え、農業を専門としている人材派遣会社A社、B社にバッファとして利用している農家の紹介を依頼し、調査が可能であった3農家を事例とする（注2）。事例とする3農家の特徴をみると、以下の特徴が分かる（**表5-1**）。

第1に、いずれも野菜・果樹を中心とした労働集約的な作目を生産している農家である。

表5-1　事例農家・農場の特徴

		X農家		Y農家		Z農場	
所在地		仁木町		長沼町		仁木町	
主な作目		ブドウ		長ネギ		トマト	
		サクランボ		玉ねぎ		ミニトマト	
		トマト		キャベツ		サクランボ	
				トマト		ブドウ	
面積（ha）		8.5		50		22	
雇用・利用人数（人・%）	正規	3	15.0	6	6.6	1	3.4
	パート	5	25.0	33	36.3	6	20.7
	実習生	3	15.0			3	10.3
	派遣	9	45.0	52	57.1	19	65.5
	合計	20	100.0	91	100.0	29	100.0
雇用・利用期間（ヶ月）	正規	12		12		8	
	パート	9		11		4	
	実習生	7				6	
	派遣	2		5.5		2	
契約派遣会社数		1		4		3	
選果施設の有無		有		有		有	
農作業形態		派遣単能工利用型				派遣監督的利用型	

資料：人材派遣会社A社・B社契約農家・農場からの聞き取りより作成。
注：雇用・利用人数は、2015年における農繁期における1日当たりの平均人数である。

第2に、派遣労働者の利用人数が多い点である。一般的に派遣労働者を利用している農家の1日当たり平均派遣労働者人数は3人程度であり、利用期間は1週間前後といわれている。しかし、本書の調査農家は、利用期間における1日当たりの平均派遣人数が9人以上となっており、一般的な派遣利用農家に比べて多い。また、利用期間は2ヶ月以上となっており、こちらも平均と比べると明らかに長いことが分かる。

　第3に、選果施設を所有している点である。これは、各農家が個選を行っていることを意味し、作業内容が多様化している可能性が高い。

　以上の特徴から、事例とする3農家（農場）は、多数の派遣労働者を利用しており作業期間が長く、作業内容が多岐にわたっていることが予期される。

（2）雇用・利用労働者の区分

　ここでは事例農家で雇用・利用されている労働者の種類を整理する。

　まず、正規労働者である。正規労働者とは、各農家に正社員として直接雇用されている常勤で従業する労働者のことを指す。社会保険に加入している。

　2つ目に、パート労働者である。パート労働者とは、非正規であるものの農家に直接雇用されている労働者を指す。パート労働者は主に周辺農家の離農者を中心とした熟練労働者で構成されている。社会保険に加入してはいない。また、勤務時間はフルタイムとなっており、雇用契約は無期雇用である。

　3つ目に、外国人技能実習生（以下外国人実習生）である。これは外国人技能実習制度を利用して調達したものである。外国人実習生には、受入れ期間、受入れ人数に制限が設けられている。受入れ期間は

最大3年となっている。また、受入れ人数は、非法人で2人以内となっており、法人の場合、受入れ人数が常勤労働者数に規定されている。本事例における農家は法人で常勤職員の人数が50以下のため、毎年3人が上限となっている。

　4つ目に、派遣労働者である。派遣労働者は、派遣事業所から調達している非正規雇用労働者である。派遣労働者は労働力が不足する収穫・出荷期のみに利用する。また、派遣労働者は派遣というシステム上、同一労働者を長期的に利用し続けることが難しく、習熟が困難な労働力である。

（3）派遣利用型農作業形態の分類

　派遣労働者を管理・監督する労働者に成り得る正規労働者とパート労働者の特徴から派遣利用型農作業形態は2つに分類することができる。

　事例農家をみると、Z農場は正規労働者とパート労働者の割合が低いことが分かる。また、雇用期間においても、X農家・Y農家では、正規労働者が通年、パート労働者は9ヶ月以上となっているのに対し、Z農場では、正規労働者が8ヶ月、パート労働者で4ヶ月と短く、これらの確保が困難となっていることが伺える（**表5-1**）。そこで、正規労働者・パート労働者が不足するZ農場では、一部の派遣労働者に監督的役割を与えた作業形態を構築している。

　以下では、派遣利用型農作業形態において派遣労働者を単能工として利用しているX農家とY農家を派遣単能工利用型とし、一部の派遣労働者に監督的役割を持たせているZ農場を派遣監督的利用型とした上でその形成過程を分析する。

第3節　派遣単能工利用型作業形態の形成過程

(1) X農家における作業形態

X農家は、北海道余市郡仁木町に所在し、ブドウ、サクランボ、トマトを主な生産物としている。家族構成は経営者である男性（40歳台）、妻（40歳台）、経営者の両親（70歳台）の4人である。2015年の作付面積は8.6haとなっている（**表5-2**）。

表5-3はX農家における作目別の売上と割合の推移を示している。これをみると、ミニトマトの売上が増加しているが、ブドウの売上が

表5-2　X農家における作目別作付け面積の推移

(ha)

	2012	2013	2014	2015
ブドウ	5.5	5.5	5.5	1.7
加工用ブドウ				3.9
サクランボ	2.5	2.0	1.5	1.5
ミニトマト	0.6	1.1	1.1	1.1
大玉トマト	0.4	0.4	0.4	0.4
計	9.0	9.0	8.5	8.5

資料：X農家からの聞き取りより作成。

表5-3　X農家における作物別の売上と割合の推移

		2012		2013		2014		2015	
		実数(万円)	割合(%)	実数(万円)	割合(%)	実数(万円)	割合(%)	実数(万円)	割合(%)
ブドウ	生食	3,800	63.7	3,700	64.7	2,300	38.7	2,200	37.1
	加工					1,800	30.3	1,900	32.0
サクランボ		1,400	23.5	900	15.7	600	10.1	580	9.8
ミニトマト		420	7.0	800	14.0	840	14.1	850	14.3
トマト		350	5.9	320	5.6	400	6.7	400	6.7
計		5,970	100	5,720	100	5,940	100	5,930	100

資料：X農家からの聞き取りより作成。
注：2012・2013年におけるブドウの売上・割合は生食用と加工用の合計。

表5-4　X農家の労働者別賃金

(円)

		時給	月給	交通費（月額）
正規労働者			190,000	
パート労働者		750～800		5,000
派遣労働者	A社	1,200　消費税無		
	B社	1,200　消費税有		
外国人実習生		750		

資料：X農家からの聞き取りより作成。
注：1）パート労働者の交通費は2014年より支給を開始している。
　　2）派遣労働者の時給は農家が派遣会社に支払っている価格（派遣料金）である。

表5-5　X農家の雇用・利用労働者別人数の推移

(人)

	2012	2013	2014	2015
正規労働者	1	2	2	3
パート労働者	5	5	5	5
派遣労働者			4	6
外国人実習生	3	3	3	3
計	9	10	14	17

資料：X農家からの聞き取りより作成。

最も大きいことが分かる。2015年におけるブドウの売上は、生食用が2,200万円で全体の37.1％、加工用も32.0％を占めている。また、規格外品を用いたトマトジュースの製造も行っている。

労働者の構成は、正規労働者、パート労働者、派遣労働者と外国人実習生となっており、労働者別の賃金は正規労働者で月給19万円、パート労働者で時給750円から800円となっている（注3）。また、派遣料金はA社、B社ともに時給1,200円で、外国人実習生は時給750円である（**表5-4**）。

表5-5はX農家における1日当たりの平均雇用・利用労働者別人数の推移を示している（注4）。正規労働者の雇用人数をみると2012年

には1人だったが、2015年には3人に増加している。次にパート労働者だが、2012年から2015年まで5人と変化はない。派遣労働者の利用は2014年からであり、派遣会社A社とB社の利用がみられた。しかし、A社の派遣労働者とのトラブルから、2015年にはB社のみの利用となったが、人数は4人から6人に増加した。また、外国人実習生は3人となっている。

派遣労働者を利用した理由として、以下の3点が挙げられていた。1つに高齢化による経営者の両親の農作業からの離脱である。2つに農協共販をやめて2013年から始めたブドウの個人販売である。3つに販売価格の高騰により労働集約作目であるトマトの面積を増加させたことである。

上記したようにX農家は、正規労働者とパート労働者の雇用期間の長さに特徴がある。これは、トマトジュースの製造により冬季の作業を確保し、通年・長期雇用を可能にしたためである。

X農家では派遣労働者を導入した2014年に、作業内容が覚えられない、指示した内容が理解できない等の問題が起こった。そのため2015年に2つの対応を行っている。

第1に派遣労働者を利用する作目をブドウに限定して覚える作業の数を減らしたことである。これは売上が最も大きい作目の労働力確保を優先した結果でもある。第2に増加した派遣労働者の指導、監視を目的に正規労働者の人数を増やしたことである。

しかし、現段階では、正規労働者・パート労働者1人に対し、どれくらいの派遣労働者を指導・監督させるか等の厳密な規定は存在しない。また、ブドウに関する作業全般を多能工的に行わせているため、作業を覚えられない派遣労働者が多数存在している。A農家では今後、作業内容を、収穫専門、選別・選果専門、梱包専門に細分化すること

を検討しているが、まだ実行していない。X農家は、派遣労働者を有効に利用するための作業形態を検討している段階にあるといえる。

(2) Y農家における作業形態

Y農家は、北海道夕張郡長沼町に所在し、長ネギ、玉ネギ、キャベツを主な生産物としている。家族構成は、経営者である男性（50歳台）、妻（50歳台）と長男（20歳台）、長女（20歳台）、次女（20歳台）の5人である。長男と長女はそれぞれ就職、進学のため他出しており、現在、3人が同居している。また、2007年に経営を株式会社にした。

図5-1にY農家の作目別作付面積の推移を示した。これをみると2002年では15haだったが、2006年には38haとなり、現在では53haまで拡大している。拡大当初は、周辺農家からの要望を受けての農地の借入れだったが、現在では積極的に拡大を行っている。

表5-6はY農家における作物別の売上と割合の推移を示している。

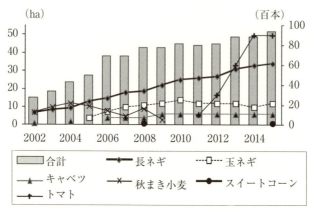

図5-1　Y農家における作目別作付面積の推移

資料：Y農家からの聞き取りより作成。
注：トマトに関しては面積ではなく苗の本数を示している。

表5-6 Y農家における作目別の売上と割合の推移

	2012		2013		2014		2015	
	実数(万円)	割合(%)	実数(万円)	割合(%)	実数(万円)	割合(%)	実数(万円)	割合(%)
長ネギ	15,547	68.8	17,497	69.1	17,166	66.8	20,882	64.9
玉ネギ	3,331	14.7	3,749	14.8	3,478	13.5	4,474	13.9
キャベツ	2,221	9.8	2,499	9.9	2,452	9.5	2,520	7.8
スイートコーン							400	1.2
トマト	1,110	4.9	1,249	4.9	1,426	5.5	1,554	4.8
その他	398	1.8	343	1.4	1,187	4.6	2,357	7.3
計	22,607	100.0	25,337	100.0	25,709	100.0	32,187	100.0

資料：Y農家からの聞き取りより作成。
注：その他は農協からの玉ネギ加工委託である。

表5-7 Y農家における労働者別雇用賃金

		時給単価	その他手当
正規労働者		1,100円	次長手当　10,000円/月 班長手当　30,000円/月
パート労働者		男 1000円　女 780円	班長手当　30,000円/月
派遣労働者	A社	1,100円　消費税　無	交通費　5,000/月
	B社	1,100円　消費税　有	
	C社	1,100円　消費税　無	
	D社	1,100円　消費税　無	

資料：Y農家からの聞き取りより作成。

2012年から2015年にかけて長ネギの売上が一番大きく、売上全体の65％以上を占めている。また、Y農家の特徴として、その他収入がある。これは農協から委託された玉ネギの1次加工によるものである。これが労働力を必要としている。

　Y農家が雇用・利用している労働者の種類をみると、通年雇用されている正規労働者に加え、非正規雇用であるパート労働者、人材派遣会社A社・B社・C社・D社から調達している派遣労働者が確認できる。
　表5-7はY農家における労働者別雇用賃金を示している。正規労働

表 5-8　Y農家における1日当たりの雇用・利用労働者別人数

(人)

		2010	2011	2012	2013	2014	2015
正規労働者		6	6	6	6	6	6
パート労働者		33	33	33	33	33	33
派遣労働者	A社	10	10	10	11	11	11
	B社	20	20	20	20	20	20
	C社	18	18	18	18	18	18
	D社	3	3	3	3	3	3
計		90	90	90	91	91	91

資料：Y農家からの聞き取りより作成。

　者の雇用労賃は、時給1,100円で年収にすると約350万円である。また、役職に就いている正規労働者には役職手当として、次長手当月額10,000円、班長手当月額30,000円が別に支給される。パート労働者の雇用労賃は時給で、男性1,000円、女性が780円となっている。男女に賃金差が存在するが、これは作業内容の違いによるものである。女性は選果施設における選別・選果作業が中心なのに対し、男性は収穫作業が中心である。収穫作業は重労働、かつ機械の運転を中心とした技能が必要とされるため賃金が高く設定されている。最後に、人材派遣会社に支払っている派遣料金である。Y農家は4社を利用しており1人当たりの時給は一律1,100円となっている。しかしB社のみ消費税と交通費として月額5,000円の追加支払がある。

　雇用・利用人数は、収穫・出荷期である7月下旬から11月中旬が最も多い。**表5-8**はY農家の1日あたりの雇用・利用労働者別人数を示している。2015年の1日あたり平均雇用人数は正規労働者6人、パート労働者33人、派遣労働者52人の計91人にのぼる。また、正規労働者とパート労働者の雇用人数は、2010年から2015年まで変化はない。

　Y農家でも、X農家と同様に正規労働者とパート労働者の通年・長

第5章　バッファ農家における派遣利用型農作業形態の形成論理と余剰派遣労働者の吸収　　85

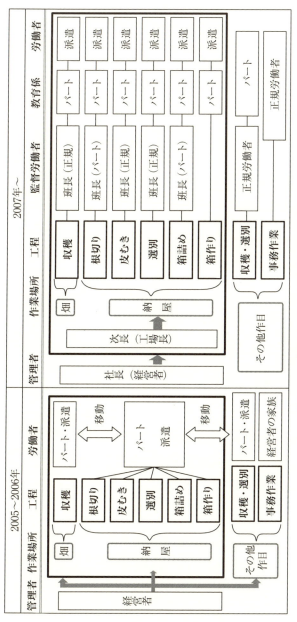

図5-2　Y農家における作業形態の変遷

資料：Y農家からの聞き取りより作成。
注：1）作業形態の大線枠内は長ネギ作における作業形態を指す。
　　2）2007年〜の作業形態でその他作目における（派遣）は臨時に利用する程度であり、基本的に利用はない。

期雇用がみられる。これは、上記の玉ネギの加工委託により冬季の作業を確保したことに起因する。

　Y農家では2004年以前、雇用の中心はパート労働者だったが、高齢化による離脱に加え、調達が困難になったことから、派遣労働者を利用するに至った。以下では派遣労働者を利用したことによる作業形態の変遷を確認していこう。

　図5-2をみると、派遣労働者を導入した2005年では、派遣労働者を他の労働者と同様の多能工として利用しており、作業工程間の労働者の移動がみられた。しかし、派遣労働者は、日ごとに変わることがあり、作業を覚えられなかったため対応に迫られた。そこで、2007年から派遣労働者利用に特化した作業形態を構築した。この作業形態の特徴として3点が挙げられる。

　第1に、派遣労働者の利用を、売上が最も高い作目である長ネギに限定した点である。第2に、作業工程を細分化した上で作業工程間の移動をなくすことで派遣労働者を単能工として位置付けた点である。第3に、各作業工程に正規労働者とパート労働者を監督労働者と教育係とし、派遣労働者をその管理下に置いた点である。監督労働者とは作業工程の管理を任されている労働者であり、機械トラブルの対応、作業内容を教育係に指示する役割を担う労働者である。教育係は監督労働者からの指示を派遣労働者に伝達し、作業方法を指導する役割を担う労働者である。この作業形態は、作目・作業工程別に作業の遅れが生じた場合、多能工である正規労働者とパート労働者が作業工程間移動を行うことで対応する仕組みとなっている。

（3）派遣単能工利用型作業形態の特徴

　派遣単能工利用型は派遣導入によって生じる問題への対応として、

作業工程を細分化し派遣労働者を単能工と位置付けている。さらに正規労働者とパート労働者に監督労働者・教育係という監督的役割を持たせ彼らを管理しているのである。X農家はY農家ほど洗練されてはいないものの、作業工程の細分化を検討しており、将来的に派遣単能工型作業形態に移行していくと考えられる。

　以上から、ここで最も重要になるのは監督的役割を有する労働者、つまり、正規労働者とパート労働者の存在である（注5）。両者の再生産が不可能となった場合、この作業形態は機能しなくなる。地域内の労働力不足が深刻な状況を考えると、新しい労働力の調達は困難である。そのため、X農家とY農家では冬季の作業を創ることで、正規労働者の通年雇用とパート労働者の長期雇用化を図り、労働者の囲い込みを行っているのである。

第4節　派遣監督的利用型作業形態の形成

（1）Z農場概要

　Z農場は、Z物流の系列会社である。そこでまず、Z物流の概要を整理する。Z物流はダンプ事業部・トレーラー事業部・物流事業部と系列会社として有限会社Z農場を所有している。Z農場は1993年に排雪業務としてダンプ部門を設立したことに端を発す。その際、夏季の業務確保が問題となり、その対応として1996年から農業事業としてトマト栽培を開始した。その後、農協選果場の選果・梱包作業の請負事業を発展させ物流事業部とトレーラー事業部を開始するに至った。

　表5-9はZ農場の作目別作付面積を示している。主な農産物はトマト・ミニトマトであり、合計作付面積は9 ha、ハウス棟数は64棟（6 m×50m）となっている。その他の作目として、サクランボ、ブドウ、プルーンを生産している。

表5-9　Z農場における作目別作付け面積の推移

（ha）

	2013	2014	2015
トマト	1	1	1
ミニトマト	8	8	8
サクランボ	3	3	3
ブドウ	8	7	7
プルーン	2	3	3
計	22	22	22

資料：Z農場からの聞き取りより作成。

表5-10　Z農場における作物別の売上と割合の推移

	2012		2013		2014		2015	
	実数(万円)	割合(%)	実数(万円)	割合(%)	実数(万円)	割合(%)	実数(万円)	割合(%)
トマト	2,800	62.2	2,800	68.3	2,700	67.5	2,800	70
ミニトマト	900	20	900	22	1,000	25	900	22.5
サクランボ	400	8.9	200	4.9	200	5	200	5
その他	400	8.9	200	4.9	100	2.5	100	2.5
計	4,500	100	4,100	100	4,000	100	4,000	100

資料：Z農場からの聞き取りより作成。
注：その他は主にブドウとプルーンとなっている。

　表5-10はZ農場における作物別売上と割合の推移を示している。トマトの売上に占める割合が高く、全体の70%を占めている。

　Z農場の雇用・利用労働者は、正規労働者・パート労働者・派遣労働者・外国人実習生からなる。派遣労働力に関しては人材派遣会社A社、B社、E社の3社を利用している。これは、派遣労働者の調達を確実なものにするための工夫である。

　表5-11はZ農場の労働者別の賃金を示した。これをみると正規労働者は月額35万円、パート労働者は時給780円である。派遣会社へ支払っている派遣料金はA社・B社が時給1,200円（B社は消費税が加算される）、E社が1,350円となっている。また、外国人実習生は750円である。

表5-11　Z農場における労働者別雇用賃金

		時給（円）	月給（円）
正規労働者			350,000
パート労働者		780	
派遣労働者	A社	1,200　消費税無	
	B社	1,200　消費税有	
	E社	1,350　消費税無	
外国人実習生		750	

資料：Z農場からの聞き取りより作成。

表5-12　Z農場における労働者別人数の推移

	2010	2011	2012	2013	2014	2015
正規労働者	5	※4	※4	※4	1	1
パート労働者	12	10	8	7	7	6
派遣労働者	9	9	9	9	19	19
外国人実習生		3	3	3	3	3
計	26	26	20	19	30	30

資料：Z農場からの聞き取りより作成。
注：※印の付いてる2011年〜2013年は、正規労働者に加えて物流部門の正社員がJA選果場における選果・梱包作業のない午前に圃場で収穫作業を行っている。

　表5-12は労働者別人数の推移を示している。正規労働者・パート労働者ともに減少している。正規労働者は2010年には5人いたが2014年に1人となっている。また、パート労働者は、2010年に12人いたが2015年には6人と激減している。

　正規・パート労働者が減少したため、2011年から外国人実習生を導入したが、制度上人数に上限があるため派遣労働者の増加を余儀なくされた。

　派遣労働者の推移をみると2014年に大きく増加した。これは正規労働者・パート労働者の減少により、それまで選果施設のみの利用であった派遣会社B社、E社に加え、圃場専門としてA社の利用を開始したためである。

表5-1の労働者別の雇用・利用期間をみると、正規労働者は8ヶ月で、冬季の4ヶ月は物流部門・ダンプ部門に勤務する形態をとっている。パート労働者は4ヶ月、派遣労働者は2ヶ月、外国人実習生は6ヶ月となっている。ここの特徴は、派遣単能工利用型の農家と比べて正規労働者・パート労働者の雇用期間が短いことである。これは、冬季期間に物流部門・ダンプ部門の作業が増加し、農業部門の作業を創ることができないためである。ダンプ部門や物流部門は、それぞれ特殊技能を必要とするため、農業部門と組み合わせて労働者の雇用を長期化することは困難となる。そのため正規労働者・パート労働者の囲い込みができず、その減少に歯止めが利かないのである。

（2）Z農場における作業形態

図5-3はZ農場における作業形態を示している。

2013年までの圃場における作業形態をみると、正規労働者が監督労働者となり、作業内容を指示し、その下に実働労働者としてパート労働者・外国人実習生・Z物流部門の正社員が、収穫作業に従事する形態をとっている。この時期にみられる特徴として物流部門の正社員による農作業のサポートが挙げられる。これは、JA選果施設で業務を行っている物流部門の社員が作業のない時間帯に収穫作業を行っていたことを指す。また、Z農場の選果施設では、仕事の空いた社員が随時交代で現場監督を務め、パート労働者が教育係となり、派遣労働者の管理を行っていた。しかし、C物流の社員減少により、物流部門の社員を収穫作業に従事させることは困難となった。

そのため、選果施設だけだった派遣会社の利用を2014年より収穫作業でも開始した。それに伴い、圃場専門として人材派遣会社A社から労働力調達を開始し、圃場においても派遣利用型農作業形態を形成さ

第5章 バッファ農家における派遣利用型農作業形態の形成論理と余剰派遣労働者の吸収　91

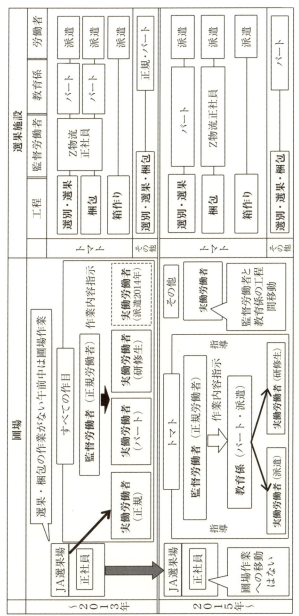

図5-3　Z農場における作業形態の変遷

資料：Z農場からの聞き取りより作成。

せた。その特徴は以下の通りである。

　第1に、派遣労働者を利用する作目を派遣単能工利用型と同様、最も売り上げの大きい作目であるトマトに限定した点である。

　第2に、派遣労働者利用に伴う指揮命令系の構築である。まず、監督労働者である正規労働者が作業内容を教育係であるパート労働者に通達する。次にパート労働者は指示された内容を、実働労働者である派遣労働者・外国人実習生に手本を見せながら指導を行う。主な指導内容は収穫適期、つまり色の見極めである。この際、実働労働者約2人につき教育係1人を配置して指導を行っている。

　第3に、その他の作目における作業であり、派遣単能工利用型で見られた監督労働者と教育係が工程間移動を行うことで対応している点である。

　しかし、パート労働者と正規労働者の減少に伴い教育係の不足が問題となり、2015年にA社の派遣労働者の中で有能だった者2名を教育係とするに至った。

　以上から派遣監督的利用型の特徴を整理する。作業工程の細分化と指揮命令系の構築により派遣労働者を管理している点は派遣単能工利用型と同様である。しかし、派遣労働者が作業形態内で担う役割が相違点として挙げられる。監督労働者・教育係といった、監督的役割を担う労働者の存在が、作業形態の維持に必要である点は共通しているが、監督的利用型では、正規労働者・パート労働者の減少により有能な派遣労働者がこれらを代行することで、農作業形態を維持しているのである。

　しかし、派遣労働者を教育係にすることで作業形態を維持させることには以下の限界が内在する。

　第1に、派遣する労働者の決定権を派遣会社が保有しているため、

農家自身が労働者派遣をコントロールできない点である。

第2に、有能な派遣労働者から順に再就職が決まり、派遣会社との雇用関係を解消する点である。

上記のことから、作業形態の中核をなす監督的役割を派遣労働者に与えることは、農作業形態の維持を困難にする可能性を孕んでいる。

第5節　バッファ機能による余剰派遣労働力の吸収方法

最後に、バッファ農家がその機能を保有するが故に発生する余剰派遣労働者の吸収方法をみる。

ここで重要となるのが最低派遣人数である。これは、派遣会社間の契約に基づき、1日当たりの最低派遣人数を保障させる代わりに、人材派遣会社の都合による派遣労働者の増員を認めるというものである。本事例である3農家は、この最低派遣人数を派遣利用型作業形態内で必要な派遣労働者数と設定している。この人数の確実な確保を最優先とし、派遣労働者の増員はさほど問題にはしてはいない（注6）。

表5-13は農家別、最低派遣人数と派遣実人数を示している。これをみると実人数が最低派遣人数を上回っており、3農家ともバッファ機能を有していることが分かる。

余剰派遣労働者が出た場合、派遣利用型作業形態外の作業でこれを

表5-13　最低派遣人数と派遣実人数（2015年）

（人）

	X農家	Y農家	Z農場
最低派遣人数	4	41	15
実人数	7	52	19
差（実人数−最低派遣人数）	3	11	4

資料：X・Y・Z農家・農場からの聞き取りにより作成。

表 5-14　余剰派遣労働者の作業内容

優先度	X 農家	Y 農家	Z 農場
高い	ハウス内除草	ハウス内除草	ハウス内除草
⇅	箱作り	圃場除草	ミニトマト収穫作業
	加工用ブドウ収穫	箱作り	
低い		長ネギ収穫作業	

資料：X・Y・Z 農家・農場からの聞き取りにより作成。

吸収することになる。

　表5-14は余剰派遣労働者の作業内容を示している。これをみると、ほとんどが除草作業を中心とした雑業となっている。これら雑業は、パート労働者を利用して行うことも可能であるがパート労働者がこれら作業を嫌うため（注7）、余剰派遣労働者を利用しているのである。そのため、各農家はこの余剰派遣労働者を、パート労働者の労働を軽減し、パート労働者の囲い込む一方法として位置付けている（注8）。

第6節　小括

　本章では派遣期間問題を解決する上で重要な役割を担うバッファ農家を対象に、2つの視点から分析を行った。第1に、習熟問題への対応である。これは、派遣労働力という習熟が困難な労働力を利用するために形成された派遣利用型農作業形態についてである。本章では、これを派遣単能工利用型と派遣監督的利用型作業形態の2つに分類しその形成論理を明らかにした。第2に、前章で記した派遣期間問題の対応から生じるバッファ農家特有の余剰派遣労働者の吸収方法についてである。

　まず、派遣利用型農作業形態の形成論理についてである。ここで、

重要となるのは正規労働者とパート労働者の存在である。派遣単能工利用型作業形態では、作業形態内において、正規労働者とパート労働者を監督労働者、教育係とすることで派遣労働者の管理・監督をさせ、派遣を単能工として利用している。それに対して、派遣監督的利用型作業形態では冬季作業の創造ができず、正規労働者とパート労働者の再生産が困難となり一部の派遣労働者に監督的役割をさせている。しかし、この形態では、①派遣する労働者の決定権を派遣会社が保有しているため、農家自身が労働者派遣をコントロールできない点。②有能な派遣労働者から順に再就職が決まり、派遣会社との雇用関係を解消する点である。このような流動性のある派遣労働者に作業形態の中核をなす監督的役割を与えることは、農作業形態の維持を困難にする可能性を孕んでいるのである。

以上のことから、正規労働者とパート労働者を雇用し続けるために必要な冬季作業が重要な意味を持つことが明らかとなった。

次に余剰派遣労働者の吸収方法をみる。バッファ農家では、派遣利用型農作業形態に必要な派遣労働者を最低派遣人数としている。これを上回り派遣されてくる余剰派遣労働者は作業形態外の除草作業等の雑作業で吸収していることが明らかとなった。これは、パート労働者の作業を軽減する効果を持っており、彼らの囲い込みの一方法となっているのである。

[第5章　注釈]
（注1）人材派遣会社4社からの聞き取りによると、バッファ農家の多くが、選果施設を所有し、農産物の多くを系統外に出荷している。そのため、農協に協力を要請した2章のアンケート調査では検出数が少なく、その現状を把握できてはいない。
（注2）2015年においてバッファとして利用している農家数はA社、B社と

もに4戸と非常に少なく、内2農家が重複している。
(注3) X農家ではパート労働者に対して勤続年数に応じて時給を変動させている。加えて、交通費月額5,000円を支給している。
(注4) 1日当たりの平均雇用・利用労働者別人数とは、本章第2節（2）の雇用・利用労働者の区分で分けた労働者別の雇用・利用期間の平均人数を指す。
(注5) 本書における監督的役割とは監督労働者と教育係の総称である。
(注6) X農家・Y農家・Z農場聞き取りによると、あまりに、多くの余剰派遣労働者が派遣されると吸収できなくなるが、人材派遣会社側も吸収できるおおよその人数を把握しているため、現在に至るまで吸収ができないという問題は発生していない。
(注7) X農家・Y農家・Z農場からの聞き取りによる。
(注8) X農家・Y農家・Z農場からの聞き取りによる。

終章
本書の考察と農業派遣における展望

第1節 本書の考察

　冒頭で述べたように、農業雇用労働力の重要性が増しているにも関わらず、農村労働力は、分解・過疎化・高齢化という問題を受け、地域内からの労働力調達は困難性を増している。

　この様な状況において、近年、注目を集めている都市部における人材派遣会社からの労働力調達である。しかし、人材派遣会社が農家に労働力を供給すること、また農家が派遣労働者を利用することは、労働力の習熟問題、日雇い派遣禁止にともなう派遣期間の問題という2つの障壁が存在する。そこで、本書では、これら2つの問題に対する対応を、人材派遣会社とそれを利用する農家から分析を行い農業における派遣労働力利用の成立条件を明らかにした。

　1章では、農業における人材派遣の契約形態と法的規制を整理した。その結果、農業派遣は特性上、労働者が日ごとに異なる可能性を内包しており習熟が困難であること、日雇い派遣の禁止により、短期利用が多いと思われる農業においても31日以上の雇用関係を成立させなければならないという2つの問題点を検出した。

2章では、派遣会社から労働力を調達している農家の特徴と派遣利用に至った要因を明らかにした。派遣利用農家の特徴として、大半が稲作・畑作経営であり利用期間は極めてスポット的な点と派遣労働者を単純作業に従事させていることが分かった。単純作業が多い理由として派遣労働者の「質の低さ」、スポット利用が多い理由としてパート労働者の短期雇用の難しさが挙げられる。また、選択要因としてはパート労働者のスポット雇用による賃金の上昇が挙げられる。これが、高額といわれる派遣料金とパート賃金の差を小さくし、派遣労働者の利用に結び付いていることが明らかとなった。

　3章では、「質が低い」といわれる派遣労働者の特徴を、人材派遣会社A社を事例に派遣労働者の経歴と派遣会社の評価から明らかにした。まず派遣労働者の経歴から男性を5つに、女性を6つに分類した。

　その上で、派遣会社からの評価と派遣労働者の経歴別分類との関係性を分析した。その結果、男女ともに転職を繰り返し派遣労働者に至った転職型に該当する労働者の評価が低いことが分かった。また、派遣労働者は、「質が高い」高評価層から順に派遣会社との雇用関係を解消し流出するという特徴を持っている。派遣労働者は、低収入であることから現状より高い労賃を要求する。そのため、雇用先の雇用形態に関係なく派遣労働者という雇用形態を放棄する。これは、派遣労働者への復帰が容易なことが主な理由といえる。以上のことから、「質の高い」派遣労働者は流出し「質が低い」派遣労働者が滞留する傾向にあることが明らかとなった。

　4章では、前章までで明らかとなった、派遣の特性と派遣労働者の「質の低さ」から生じる習熟問題、日雇い派遣の禁止にともなう派遣期間問題の対応を、A社を事例に明らかにした。

　習熟問題の対応として、派遣先農家を地域別に区分し、実働労働者

終章　本書の考察と農業派遣における展望

を地域ごとに振り分け、同一農家に固定化して派遣している点が挙げられる。

派遣期間問題の対応として、作業期間が短期的な農家と、長期にわたり作業が存在する農家をシフトに組み込むことにより派遣の連続化を図っている点が挙げられる。この仕組みは、必ず長期間の作業を持ち、利用人数の多い農家がバッファとなることで成立していることが明らかとなった。

5章では、派遣期間問題を打開する上で重要な役割を持つバッファ農家を事例に、派遣労働者の大量利用により深刻化する習熟問題に対応した派遣利用型農作業形態の形成論理とバッファ機能の保有による余剰派遣労働者の吸収方法を明らかにした。

派遣利用型農作業形態は、派遣労働者を単能工として利用している派遣単能工利用型と、一部の派遣労働者に監督的役割を持たせている派遣監督的利用型に分類することができる。これらの作業形態は、派遣労働者を単能工と位置付けた上で、作業自体を細分化し、監督的役割を果たす正規労働者とパート労働者を用いて派遣労働者を管理することを基本としている。しかし、冬季における農作業の確保が不可能な場合、パート労働者の囲い込みができず、有能な派遣労働者に監督的役割を持たせる監督的利用型が形成される。これには、農家自身が労働者派遣をコントロールできない点と有能な派遣労働者から再就職し派遣業務を放棄するという2点の限界が内在している。そのため、この形態は臨時措置といわざるを得ない。このことから、派遣利用型農作業形態は正規労働者・パート労働者の雇用期間の連続化の必要性が明らかとなった。

また、バッファ機能の保有から来る余剰派遣労働者の吸収方法として、作業形態外の雑業が挙げられる。これは、パート労働者の作業を

軽減させる効果を持っており、パート労働者の囲い込みの一方法につながっている。

　以上のことから、農繁期のスポット的需要が多数を占める農業における派遣労働力利用の成立条件は、バッファ農家における派遣利用型農作業形態の形成とバッファ機能の保持であることが明らかとなった。これは、派遣労働者を労働力として使えなくなった場合、つまり、派遣労働者を利用するための農作業形態の維持が不可能になった場合、農業派遣そのものが成立しなくなる可能性を内包している。言い換えれば作業形態の特徴上、監督的役割を持っている労働者の再生産が困難になった場合に起こると考えられる。

第2節　農業派遣における展望

　農業における派遣労働の利用については、いくつかの問題点も指摘されてはいるが、農村労働力の枯渇が深刻な現状のもとで、都市部からの農業労働力の供給ルートとして派遣労働が機能していることは事実であり労働者と農家の間で、マネジメントを行う人材派遣会社の存在は農家の労働力問題にとって重要な存在となりつつある。分析からも明らかになった通り、労働力の調達がより深刻となっている稲作・畑作経営を中心とした極めてスポット的な利用においては有効な労働力調達方法として定着しつつある。

　しかし、これらスポット的な派遣利用の背後には、バッファ農家の存在が必要不可欠である。農村地域内での労働力調達が困難となっている中、バッファ農家がその機能を維持するために必要となる監督的役割を持つ労働者の再生産はより困難となるであろう。このバッファ農家の必要性、すなわち農業派遣を困難にしている原因は、派遣法に

おける日雇い派遣の禁止であることはいうまでもない。しかし、派遣業務で生計を立てている派遣労働者のことを鑑みると、安易に法の改正を求めることは難しく法的規制の中で対応する必要がある。

　この対応策の１つとして、人材派遣会社が、バッファ機能の保持に必要となる監督的役割を担う労働者を農家に直接供給する必要が考えられる。現状をみると人材派遣会社は、自社で抱えている派遣労働者を手放すことに抵抗がある。しかし、人材派遣会社にはこれを可能とする有料職業紹介事業・紹介予定派遣等といった一般派労働者派遣事業とは別の労働力供給手法を所有している。

　現在、若干ではあるが、これらの労働力供給方法を使い、農家に対して、自社で抱えている労働者の直接雇用を進めている派遣会社が現れ始めている。今後の農業派遣の持続、また農家における雇用問題の解決を考えた場合、派遣会社が持つ一般派労働者派遣事業以外の労働力供給方法、つまり農家による労働者の直接雇用が可能な供給方法、つまり農家による労働者の直接雇用が可能な供給方法が重要となっていくのではないだろうか。

　現状では農村地域の現状を把握し適正な農業派遣を人材派遣会社のみで行うことには限界がある。今後、適正で有効な派遣労働のあり方をめざし、農家の雇用労働力問題の解決を考えた場合、農業者や農業協同組合の側も、積極的に派遣会社との意見交換や連携の方向を探ることが必要とされているといえよう。

【参考文献】

[1] 泉谷眞実「野菜選果施設における雇用労働者の性格差に関する比較分析」『農経論叢第』50集、1994年
[2] 泉谷眞実「野菜集出荷過程における雇用労働の研究」『酪農学園大学紀要』No.43、1994年
[3] 泉谷眞実「農業雇用労働力における調達・範囲分の地域調整に関する一考察」『農業問題研究』No.43、1991年
[4] 泉谷眞実・臼井晋「農家雇用労働力需給の特徴とその規定要因―北海道雨竜町を事例に―」『農経論叢』第48集、1991年
[5] 泉谷眞実「農業（雇用）労働市場に関する主要文献と論点」、研究代表　玉真之介『農業市場の制度問題と分析モデルに関する統合的研究』（平成17年度～19年度科学研究費補助金研究　基盤研究B　研究成果報告書）、2006年
[6] 泉谷眞実「農業雇用の動向と農業労働力問題―農業雇用の地域システム―」『北海道農業』第36巻、2009年
[7] 井上誠司「労働支援組織による集約作物の進行と土地利用問題」『農経論叢第』55集、1999年、p.145
[8] 今井健「農業労働者の性格と地域における需給構造―北海道富良野地域における「雇用依存型家族経営」の形成―」『農業経済研究』62巻4号、1991年、p.231
[9] 今井建『就業構造の変化と農業の担い手―高度経済成長期以降の農村の就業構造と農業経営の変化』農林統計協会、1994年
[10] 岩崎徹「相対的過剰人口法則と小農に関する一考察」『東北大学農学研究所報告』第27巻第1号、1975年、p.49
[11] 岩崎徹編『農業雇用と地域労働市場　北海道農業の雇用問題』北海道大学出版会、1991年
[12] 岩崎徹・牛山敬二編著『北海道農業の地帯構成と構造変動』北海道大学出版会、2006年
[13] 牛山敬二・七戸長生編著『経済構造調整下の北海道農業』北海道大学図書刊行会、1991年
[14] 臼井晋・宮崎宏編著『現代の農業市場』ミネルヴァ書房、1990年

[15] 大内力編著『農業経済論』筑摩書房、1967年
[16] 大内力『日本における農民層の分解』東京大学出版会、1969年
[17] 太田原高昭・三島徳三・出村克彦編『農業経済学への招待』日本経済評論社、1999年
[18] 小川朋編集『派遣村、その後』新日本出版、2009年
[19] 奥田仁『地域経済発展と労働市場—転換期の地域と北海道—』(現代経済政策シリーズ8) 日本経済評論社、2001年
[20] 小田切徳美編『日本の農業—2005年農業センサス分析—』農林統計協会、2008年
[21] 梶井功編『農民層分解論Ⅰ』(近藤康男責任編集昭和後期農業問題論集3) 農山漁村文化協会、1985年
[22] 梶井功編『農民層分解論Ⅱ』(近藤康男責任編集昭和後期農業問題論集4) 農山漁村文化協会、1985年
[23] 梶井功『小企業農の存立条件』東京大学出版会、1973年
[24] 梶井功著『日本農業　分析と提言　前編』筑波書房、2003年
[25] 梶井功著『日本農業　分析と提言　後編』筑波書房、2003年
[26] 金岡正樹「内部労働市場の形成と労務管理—岩手県の大規模露地野菜作経営の事例から—」『農業経済研究　別冊　2002年度日本農業経済学会論文集』2002年、p.29
[27] 金岡正樹「家族経営の展開と経営管理問題—主に労務管理を中心として—」『農業経営研究』第50巻第4号、2013年、p.20
[28] 金沢夏樹編『農業経営の新展開とネットワーク』農林統計協会、2005年
[29] 金沢夏樹編『雇用と農業』(日本農業経営年報　No.6) 農林統計協会、2008年
[30] 金沢夏樹編集代表『農業におけるキャリア・アプローチ—その展開と論理—』農林統計協会、2009年
[31] 川村琢『現代資本主義と市場』1981年
[32] 川村琢・湯沢誠編著『現代農業と市場問題』北海道大学図書刊行会、1976年
[33] 川村琢・湯沢誠・美土路達雄編『農産物市場論体系1　農産物の市場形成と展開』社団法人農山漁村文化協会、1977年

［34］川村琢・湯沢誠・美土路達雄編『農産物市場論体系2　農産物市場の再編過程』社団法人農山漁村文化協会、1977年
［35］川村琢・湯沢誠・美土路達雄編『農産物市場論体系3　農産物市場問題の展望』社団法人農山漁村文化協会、1977年
［36］カール・マルクス『資本論第1巻』社会科学研究所監修、資本論翻訳委員会訳、新日本出版社、1983年
［37］栗原百寿『農業問題入門』有斐閣、1955年
［38］黒河功『地域農業再編下における支援システムのあり方―新しい協同の姿を求めて―』農林統計協会、1997年
［39］今野聖士『農業雇用の地域的需給調整システム』筑波書房、2014年
［40］今野聖士「野菜作コントラクター事業における熟練オペレーター確保の構造―道路建設業者による夏冬一体型の労働力需給統合―」『農業市場研究』第22巻（1）、2013年、p.12
［41］斉藤一・遠藤幸男『単調労働とその対策―労働の人間化のために』（労働科学叢書43）労働科学研究所、1977年
［42］齊藤博「日本の労働者派遣事業の現状と展望」『日本経営学会経営学論集』73、2003年、p.166
［43］齊藤博「我が国の人材派遣業の現状と課題」『関東学院大学経済学紀要』30（1）、2003年、p.89
［44］佐藤博樹「新時代の人材活用―派遣法改正と生産現場における外部人材の活用―」『人材派遣新たな舞台人材派遣白書2004年版』p.3
［45］佐藤博樹「市場環境や労働市場の構造変化と労働政策の課題：企業の人材管理の視点から」『社会政策学会誌社会政策』第3巻第1号、2011、p.55
［46］澤田守『就農ルート多様化の展開論理』農林統計協会、2003年
［47］澤田守「家族経営における農業労働力の動向と課題」『農業経営研究』51（2）、2013年、p.114
［48］七戸長正『日本農業の経営問題　その現状と発展論理』北海道大学図書刊行会、1988年
［49］細山隆夫・鵜川洋樹・藤田直聡・安武正史「道央水田地帯における農業構造の変化と将来動向予測―上川支庁、空知支庁を対象として―」『北海道農業研究センター農業経営研究』第84号、2003年

[50] 高畑裕樹「人材派遣会社による農作業労働者の派遣対応―北海道人材派遣会社A社を事例に―」『農経論叢』第69号、2014年、p.77
[51] 高畑裕樹「派遣利用型農作業形態の形成論理―北海道における労働集約的作目栽培農家を事例に―」『農業市場研究』第26号（2）、2017年、p.1
[52] 高畑裕樹「農家における派遣労働者利用の特徴と選択要因―北海道札幌周辺農家を事例に―」『農経論叢』第72号、2018年、p.93
[53] 竹中恵美子『現代労働市場の論理』日本評論社、1969年
[54] 田代洋一・宇野忠義・宇佐美繁『農民層分解の構造―戦後現段階―』御茶の水書房、1975年
[55] 田代洋一『新版農業問題入門』大月書店、2003年
[56] 田代洋一『混迷する農政　協同する地域』筑波書房、2009年
[57] 田中規子・柳村俊介「農協による農家雇用労働力供給システムの構築―JAふらのによる「農作業ヘルパー」制度をめぐって―」『酪農学園大学紀要』No.28、2003年
[58] 田畑保・宇佐美繁『地域農業の構造と再編方向　近畿滋賀と東北宮城の比較分析』日本経済評論社、1990年
[59] 田畑保編『農に還るひとたち―定年帰農者とその支援組織―』農林統計協会、2005年
[60] 中央大学経済研究所編『「地域労働市場」の変容と農家生活保障―伊那農家10年の軌跡から―』（研究叢書26）中央大学出版部、1994年
[61] 暉峻衆三『日本の農業150年　1850～2000年』有斐閣ブックス、2003年
[62] 友澤和夫・石丸哲史「人材派遣ビジネスの地域的展開」『広島大学大学院文学研究科論集』64、2004年、p.95
[63] 友田滋夫「失業率増大下の就業移動」『農業問題研究』48号、2001年、p.13
[64] 中安定子編『農村人口論・労働力論』（近藤康男責任編集昭和後期農業問題論集5）農山漁村文化協会、1983年
[65] 西山泰男著『―日本資本主義経済下における―果樹作農業の形成過程』澤田出版、2010年
[66] （社）日本人材派遣協会編『人材派遣新たな舞台―人材派遣白書2004年版―』東洋経済新報社、2004年

[67]（社）日本人材派遣協会編『人材派遣データブック2008年　派遣の現在がわかる本』一般社団法人日本人材派遣協会、2008年
[68]（社）日本人材派遣協会編『人材派遣データブック2009年　派遣の現在がわかる本』一般社団法人日本人材派遣協会、2009年
[69]（社）日本人材派遣協会編『人材派遣データブック2010年　派遣の現在がわかる本』一般社団法人日本人材派遣協会、2010年
[70]（社）日本人材派遣協会編『人材派遣データブック2011年　派遣の現在がわかる本』一般社団法人日本人材派遣協会、2011年
[71]（社）日本人材派遣協会編『人材派遣データブック2012年　派遣の現在がわかる本』一般社団法人日本人材派遣協会、2012年
[72]（社）日本人材派遣協会編『人材派遣データブック2013年　派遣の現在がわかる本』一般社団法人日本人材派遣協会、2013年
[73]（社）日本人材派遣協会編『人材派遣データブック2014年　派遣の現在がわかる本』一般社団法人日本人材派遣協会、2014年
[74]（社）日本人材派遣協会編『人材派遣データブック2015年　派遣の現在がわかる本』一般社団法人日本人材派遣協会、2015年
[75]（社）日本人材派遣協会編『人材派遣データブック2016年　派遣の現在がわかる本』一般社団法人日本人材派遣協会、2016年
[76]「農業と経済」編集委員会監修、小池恒男・新山陽子・秋津元輝編『キーワードで読みとく現代農業と食料・環境』昭和堂、2011年
[77]農業問題研究学会編『労働市場と農業　地域労働市場構造の変動の真相』（現代の農業問題2）筑波書房、2008年
[78]農業問題研究学会編『農業構造問題と国家の役割　農業構造問題研究への新たな視角』（現代の農業問題4）筑波書房、2008年
[79]野中章久「東北地域における低水準の男子常勤賃金の成立条件」『農業経済研究』81（1）、2009年、p.1
[80]橋本健二『階級社会　現代日本の格差を問う』講談社、2006年
[81]橋本健二『「格差」の戦後史　階級社会日本の履歴書』河出ブックス、2013年
[82]布施鉄治編著『地域作業変動と階級・階層』御茶の水書房、1982年
[83]星勉・山崎亮一編『伊那谷の地域農業システム　宮田方式と飯島方式』筑波書房、2015年

[84] 的場徳造編『出稼ぎの村鹿児島県鶴田村における脱農化の展開過程』（研究叢書第50号）農業総合研究所、1958年
[85] 三浦博文「技術系人材派遣会社の社員教育の現状と課題」『日本産業教育学会産業教育学研究』36（2）、2006年、p17
[86] 美崎皓『現代労働市場論—労働市場の階層構造と農民分解—』社団法人農山漁村文化協会、1979年
[87] 三島徳三『農業市場学への招待』日本経済評論社、2005年
[88] 御園喜博『兼業農業の構造—再編の方向と課題—』農林統計協会、1983年
[89] 御園喜博編著『地域農業の総合的再編』農林統計協会、1989年
[90] 美土路知之・玉真之介・泉谷眞美『食料・農業市場研究の到達点と展望』筑波書房、2013年
[91] 矢口芳生編『経済構造転換期の共生農業システム—労働市場・農地問題の諸相—』（共生農業システム叢書第2巻）農林統計協会、2006年
[92] 矢口芳生編『周辺開発途上諸国の共生農業システム—東南アジア・アフリカを中心に—』（共生農業システム叢書第10巻）農林統計協会、2007年
[93] 矢口芳生編『現代「農業構造問題」の経済学的考察』（共生農業システム叢書第11巻）農林統計協会、2009年
[94] 山崎亮一・三島徳三「農村労働市場における農家労働力の産業予備軍機能—北海道美唄市を対象として—」『北海道大学農経論叢』第43号、1987年、p.25
[95] 山崎亮一「地域労働市場論と1980年代における日本経済の転換」『農業問題研究』61号、2007年、p.1
[96] 山崎亮一『労働市場の地域特性と農業構造』農林統計協会、1996年
[97] 山崎亮一『農業経済講義』日本経済評論社、2016年
[98] 山本昌弘「「離農多発構造」の性格—1990年代の離農構造—」『日本農業経済学会論文集』1999年、p.191
[99] 湯沢誠選集刊行事業会編『北海道農業論Ⅰ』（湯沢誠選集第1巻）筑波書房、1997年
[100] 湯沢誠選集刊行事業会編『北海道農業論Ⅱ農業市場論』（湯沢誠選集第2巻）筑波書房、1997年

[101] 湯沢誠選集刊行事業会編『北海道農業論・農業市場論　補説』（湯沢誠選集補巻）筑波書房、1997年
[102] 吉田寛一編『労働市場の展開と農民層分解』農山漁村文化協会、1974年
[103] レーニン『新訳いわゆる市場問題について他3篇』副島種典訳、大月書店、1971年

著者紹介

高畑裕樹（たかはた　ひろき）
1984年岩手県盛岡市に生まれる。2011年北海道大学大学院農学院修士課程を修了、2017年同大学大学院農学院博士後期課程修了。博士（農学）。その後、北海道大学大学院農学研究院専門研究員、酪農学園大学非常勤講師を経て、現在富士大学経済学部経済学科に講師として所属。

北海道地域農業研究所学術叢書⑲
農業における派遣労働力利用の成立条件
派遣労働力は農業を救うのか

2019年2月28日　第1版第1刷発行

著　者　高畑　裕樹
発行者　鶴見　治彦
発行所　筑波書房
　　　　東京都新宿区神楽坂2－19 銀鈴会館
　　　　〒162－0825
　　　　電話03（3267）8599
　　　　郵便振替00150－3－39715
　　　　http://www.tsukuba-shobo.co.jp

定価はカバーに示してあります

印刷／製本　中央精版印刷株式会社
©Hiroki Takahata 2019 Printed in Japan
ISBN978-4-8119-0550-1 C3061